농촌체험관광 해설사

정진해 편저

도서출판 한수

경제성장에 따른 국민소득 수준의 향상과 주 5일 근무제에 따른 여가 증가는 삶의 질적 향상에 대한 관심의 증가와 함께 국민관광의 수요를 늘렸고, 관광의 형태를 체험과 연계한 참여적인 형태로 변화시켜가고 있다. 이러한 변화는 농촌의 소득증대를 목적으로 하는 농촌관광사업과 맞물려 농촌체험관광마을로 전환하는 추세에 이르게 되었다.

그러나 전국 곳곳의 농촌 마을이 농촌체험관광마을로 변화되는 과정에서 대동소이한 체험프로그램에서 벗어나지 못하는 경향이 있다. 마을의 체험 프로그램 중 농사체험인 모내기, 감 따기, 밤 따기, 옥수수 따기 등과 전통문화체험인 연날리기, 전통음식체험인 메주 만들기, 김치 만들기, 생태체험으로 메뚜기 잡기 등이 일치하는 경향이 많다. 이러한 체험프로그램은 환경적, 인적, 문화적 자원을 활용하지 못한 일반적인 체험프로그램들로서 모두 유사한 형태로 운영되고 있다.

이러한 현상은 농촌을 지키고 있는 농민은 전통적으로 내려오는 농사를 농촌관광이란 새로운 산업과 접목할 때 기존의 재래식 방법에서 벗어날 수 없었기 때문에 오는 것이다. 농촌관광은 먼저 체험으로 시작된다. 도시민들이 농촌을 방문하였을 때 어렸을 때의 향수를 느끼며 한번쯤 손수 만들어보고, 호미를 들고 감자든 고구마든 캐보려는 충동이 생긴다. 파랗게 돋아나 있는 다양한 쌈 종류를 보면, 옛날 들에서 쌈으로 밥을 싸먹었던 기억이 고향을 떠나온 도시인들이 느낄 수 있는 향수이고 과거의 기억을 생동감 있게 재현하려는 욕구가 생긴다.

도시민들은 향수를 느낄 수 있기를 바라는 차원에서 근거리의 농촌을 찾아 하룻밤을 지새우며 즐거운 시간을 가지려 한다. 이런 것을 놓칠 수 없는 것이 바로 농촌이다. 전통문화와 생태, 생활방법 하나하나가 도시민에게는 생소하게도 느껴지지만, 과거를 어렴풋이 생각할 좋은 기회가 된다. 그러나 우리의 농촌은 이제 첫 단추를 풀기 시작하였지만, 어떤 방법으로 어떻게 도시민을 끌어들여 그들이 찾고 느끼며 감동할 수 있는 프로그램을 어떻게 만들어 가장 자연스러우면서 가장 체계적으로 운영하느냐에 달려 있다.

PREFACE

농촌관광은 도시와는 구별되는 독특한 농촌의 자연경관과 전통문화, 생활과 산업을 매개로 한 도시민과 농촌주민 간의 체류형 교류 활동이며, 도시민에게는 휴식 휴양과 새로운 체험공간을 제공하고, 농촌에는 농산물 판매(1차), 가공산업(2차), 숙박, 음식물, 서비스(3차) 등 소득원을 제공하는 지역 활성화 운동이다. 이러한 농촌관광은 농촌체험프로그램에 의해서 이루어져야 한다.

농촌체험프로그램은 단순히 체험 그 자체에 머무는 것이 아니라 민박, 씨앗 파종, 농산물 수확, 농산물 판매, 식음, 체험, 휴양 등과 연계하여 효과를 높여야 한다. 민박도 단순한 민박이 아니라 체험프로그램이 덧붙여질 때 가치를 발휘하며, 지역 특성에 맞는 독특한 체험프로그램은 이용객들에게 잊히지 않는 추억을 만들어 재방문을 유도하는 효과를 얻어야 한다. 이러한 일련의 과정을 엮어 가기 위해서는 농촌체험마을이 되기 위해서는 전문가가 필요하다.

본서는 농촌관광에서 이루어지는 다양한 체험 활동의 전문가가 되는 방법과 이를 토대로 직접 다양한 프로그램을 계획하고 실행하여 마을의 이익을 창출할 방법을 제시하고 있다. 농촌관광체험의 전문가는 단기간에 완성되지 않고 농촌의 다양한 분야에서 한발 앞서 생각하고 창조해 내고 연구하는 노력이 있어야 이루어질 수 있다.

농촌마을의 문화는 다양하며, 여러 방면에서의 체험을 얻어낼 수 있는 것만은 사실이다. 이를 다듬고 잘 실천함으로써 도시민이 찾는 진정한 마을 관광에서 다양한 체험으로 얻을 수 있어 다시 찾는 마을이 될 것이다.

2019년 1월
편저자

CONTENTS

제1장 농업과 농촌
1. 농업 • 10
2. 농민(農民) • 21
3. 농가 • 23
4. 농촌 • 26

제2장 농촌관광
1. 농촌관광의 개념 • 54
2. 농촌관광 사업의 전개 • 56
3. 농촌관광의 주요 유형 • 58
4. 농촌관광의 특징 • 59
5. 농촌관광의 지역에 대한 영향 • 60
6. 농촌관광체험 유형 • 63
7. 농촌관광 추진 방향 • 66
8. 활성화 방안 • 67

제3장 농촌관광자원
1. 농촌관광자원 • 72
2. 농촌관광자원의 분류 • 73

제4장 농촌관광체험

1. 농촌체험프로그램 • 78
2. 농촌체험프로그램의 개발 • 80
3. 농촌체험프로그램의 운영 • 96

제5장 농촌마을관광의 방향설정과 추진방안

1. 농촌관광 정책 방향설정 • 122
2. 농촌마을관광 정책 추진방안 • 128
3. 정책사업화 방안 • 147

제6장 농촌체험 교육농장

1. 농촌체험 교육농장 • 162
2. 농촌체험 교육농장 가치 • 165
3. 교육농장의 방향 • 168

제7장 농촌체험마을 운영기법

1. 체험마을의 운영 구조 • 172
2. 진행 및 역할운영 • 173
3. 주민 참여 유형 • 175
4. 마을 규약 제정 • 177
5. 지역협력형 • 179
6. 맺는말 • 180

CONTENTS

제8장 농촌 민박
1. 농촌 민박의 개념 • 200
2. 농촌체험 관광의 숙박 형태 • 201
3. 숙박시설의 형태 • 211
4. 농촌체험관광과 서비스 • 213
5. 농촌체험관광 운영 • 218
6. 농어촌체험과 휴양마을 사업자의 지정 • 223

제9장 농촌체험과 농특산물 상품화전략
1. 농특산물 상품화전략 • 234
2. 도농교류사업 • 237
3. 농촌지역개발사업 • 238
4. 농촌휴양관광사업 • 240
5. 농촌 활력 증진사업 • 241

제10장 마을 리더십 개발
1. 리더십 • 250
2. 마을 리더십 개념 • 252
3. 마을지도자의 자질과 리더십 향상 • 253
4. 다른 의견(갈등)에 대해 • 258

5. 문제의 해결 • 263

6. 성공적 추진을 위한 주민 화합 • 265

제11장 산촌마을유학센터 추진

1. 산촌유학 • 270

2. 산촌유학의 유형별 특성 • 271

3. 프로그램 및 서비스 • 273

4. 산촌유학 필요요소 • 274

5. 사회적 가치 • 276

제12장 농촌체험학습 운영 활성화 사례

1. 농촌체험학습 이해 • 284

2. 농촌체험학습의 최신 트렌드 • 286

3. 농촌체험학습 기획 및 프로그램 • 287

4. 농촌체험학습 프로그램 형태 • 292

5. 체험조직의 중요성 • 298

6. 안전문제 • 301

제1장
농업과 농촌

● 농촌체험관광해설사 ●

1 농업

1) 농업이란?

농업은 인간이 생활하는데 필요한 물자를 취득하기 위하여 식물(작물)을 재배하고 가축이나 누에 등을 사육하여 물자를 취득하는 일 또는 직업을 말한다. 농업의 확대로 임업, 양잠, 원예, 낙농 등으로 범주에 속하게 되었고 이와 관련하여 농업기계, 농업토목, 비료, 농약, 농업유통 및 정보 등의 분야까지도 농업의 한 분야로 인식되게 되었다.

농업은 산업 차원에서 1차 산업에 해당되는 산업이다. 1차 산업은 토지와 바다 등의 자연환경을 이용하여 필요한 물자를 취득하거나 생산하는 산업으로, 농업, 수산업, 임업, 축산업 등이 여기에 포함된다.

1차 산업의 특징은 자연환경의 변화에 민감한 영향을 많이 받는다는데 있다. 1차 산업에 있어서 농업이란, 생명체를 가진 식물성 및 동물성 물질을 생산하거나 이러한 물질을 활용하여 관련된 사업을 하는 것을 의미한다.

2차 산업은 1차 산업에서 얻은 물자 또는 생산물, 천연 자

원을 가공하여 인간생활에 필요한 물건이나 에너지 등을 생산하는 산업으로, 제조업, 건설업, 광업 등이 여기에 포함된다. 2차 산업의 특징은 자연환경의 영향을 적게 받으며 분업이나 일관 작업 등이 발달되었다.

3차 산업은 제1, 2차 산업에서 생산된 물품을 소비자에게 판매하거나 각종 서비스를 제공하는 산업으로 매매업, 운수업, 통신업, 서비스업(무역, 보험, 교육 등), 개인 서비스업(이용업, 미용업, 숙박업 등)이 여기에 포함된다.

2) 농업영역

농업(農業)이란? 식물성 및 동물성 물질을 생산하거나 이와 관련된 산업을 의미한다. 좁은 의미에서 농업은 벼, 보리, 콩 등과 같은 곡물을 재배하여 인간에게 필요한 식량을 생산하는 산업을 의미한다. 그러나 이를 좀 더 확장하여 과일, 채소, 꽃을 생산하는 원예, 가축을 생산하는 축산이나 목재를 생산하는 임업, 고치를 생산하는 잠업까지도 농업 범주 내에 포함시키고 있다.

그러나 최근에 들어서 농업의 범위를 농업 관련 산업까지 확대하여 농산물의 가공, 저장, 유통과 판매, 비료·농약·농기

계 제조 등과 같은 농업 관련 2차·3차 산업까지도 포함하는 경향을 보이고 있다.

이처럼 농업은 곡물 생산이라는 좁은 의미에서부터 발전하여 잠업·임업·축산 등이 포함되었고 최근에는 농업·토목·농약·비료·농기계·유통과 판매·교육 및 연구 등으로 범위가 점차 확대되고 있다.

농업의 산업화란 생산, 가공, 서비스의 융합을 의미하는 것으로, 농업이라는 1차 산업을 출발점으로 하여 농산물 가공(2차 산업)과 직판장이나 음식업, 숙박업, 관광업 등(3차 산업)을 농촌지역에서 담당하는 것을 말한다.

농업은 종래에는 생산측면만이 지나치게 강조되었다. 때문에 2차 산업의 식품가공은 식품제조업의 영역으로, 또 3차 산업의 농식품 유통, 농업·농촌 관련 정보 및 서비스, 관광 등도 도시의 도소매업, 정보산업, 관광산업의 영역으로 취급되어 왔다.

그 결과 농업에서 파생되는 부가가치와 고용기회가 공업이나 도시로 이전되어 농업성장은 정체 내지는 축소의 길을 걷게 된 것이다. 식품산업이 빠르게 성장하고 있으나 농업소득이나 농촌고용과 무관한 것도 이러한 이유 때문이다.

3) 농업의 특징

농업은 농산물을 경제적으로 생산하고자 하는 점에서는 다른 산업과 본질적으로 비슷한 점도 있다. 그러나 작물이나 가축 등과 같이 성장, 증식하는 생명력을 활용하여 유기물을 생산한다는 측면에서 다른 산업의 방식과는 다르다.

그 생산에 소요되는 기간이 길고, 생산 형태가 연속적이고 순환적이며 재료를 가공하기도 하지만, 작물이나 가축을 환경과 조화 있게 조절함으로써 목적하는 것을 생산할 수 있게 하는 특징을 지니고 있다.

이러한 농업 생산의 특징을 다른 산업과 비교하면 다음과 같다.

(1) 농업은 기본적으로 태양에너지를 이용한 식물의 광합성 능력을 활용하는 산업이다. 농업 생산은 작물이 빛에너지를 이용하여 엽록체의 무기물로부터 만들어지는 광합성 산물로써 인간과 가축을 부양한다.

(2) 농업은 토지 요소의 영향을 크게 받는다. 작물은 토지를 기반으로 생산되고 있으므로 토지 자체가 지니고 있는 토양의 이화학적 성질뿐만 아니라 경사의 정도, 관개, 수리 등 여러 가지 조건에 따라서 그 생산성이

크게 달라진다. 또한, 토지의 면적과 토지의 소유 형태 등도 생산성과 깊은 관계가 있다.

(3) 농업은 자연 환경의 영향을 크게 받는다. 작물은 대부분 넓은 면적의 토지에서 재배되기 때문에 인위적으로 그 환경을 조절해 주기가 매우 곤란하다. 즉, 작물은 보통 자연 환경 속에서 그 영향을 받으면서 자라는 것이 일반적이기 때문에 온도, 강우, 바람, 광 조건 등의 기상 요소의 영향을 크게 받는다.

(4) 농업은 생산 과정이 순환적이다. 농업에서는 수확물이나 새로 육성된 것의 일부는 종자, 두엄 또는 어린 가축의 사양 등으로 이용된다. 즉, 생산 과정이 순환적이며, 자원이 그만큼 유용하게 이용된다.

(5) 농업은 증식률이 매우 높다. 농업에서는 한 알의 종자가 여러 알의 종자를 형성하므로 그 증식률이 매우 높으며, 어린 가축도 크게 성장하는 특징이 있다.

(6) 농업은 계절성이 강하다. 농업 생산, 또는 생육 조절 등의 기술이 발달하여 풋고추, 토마토, 오이 등 연중 생산하는 것도 있기는 하지만, 일반 작물에서는 계절과 밀접한 관계를 가지고 생산된다.

(7) 농업은 지역성이 강하다. 농업은 토지를 생산 수단으로 이용하고 있기 때문에 기상 및 토지 요소에 적응된 생산이 이루어진다. 그러므로 지역성이 강하여 적절한 장소에 적합한 작물을 생산하는 경우에는 그 지역의 특산물이 형성된다.

(8) 농업의 효율성을 위해 농업용 도구와 기계의 개발이 중요하다. 사람의 힘만으로는 대단위 농업을 할 수 없다. 각종 농기계의 개발보급단계에서 농사에 필요한 모든 환경 조건을 자동적으로 제어할 수 있는 공장제 생산으로 발전하고 있다.

4) 농업의 기능

(1) 농업의 다원적 기능

국민 생활에 필수적인 식량안보, 농촌 지역사회 유지, 농촌 경관 및 문화적 전통, 농촌 환경 등의 농업 비상품재를 생산하는 것을 농업의 다원적 기능이라 한다. 농업 비상품재 생산의 축소는 농업 비상품재와 연결되어 있는 농업 상품재 생산의 감소가 따르고 농업의 침체를 초래하며, 농업

의 다기능을 저하시킨다.

농업의 악순환의 고리를 끊기 위해서는 농업 비생산재의 생산을 보상해 줌으로써 농업의 다원적 기능을 향상시키는 것이 필요하다.

(2) 농업의 식량안보 기능

식량안보는 모든 사람들이 활동적이고 건강한 삶을 위해 충분한 식량에 접근하는 것이다. 1996년 〈세계 식량 정상회의〉가 채택한 '세계 식량안보에 관한 로마 선언문'에 따르면 "식량안보는 활동적이고 건강한 삶을 위해 그 음식 욕구와 선호를 만족시키려고 모든 사람들이 언제나 충분하고 안전하며 영양가치 있는 식량에 물리적이고 경제적으로 접근하는 것이다"라고 하였다. 식량안보의 개념은 식량 공급, 식량 접근, 식량 활용 등 세 가지 구성요소로 분류한다. 첫째는, 충분한 식량 공급이다. 식량을 생산하려면 농지(토지), 농기계와 시설(자본), 농업인(노동력) 등의 자원이 필요하다. 둘째는, 식량에 대한 접근 보장이다. 개인, 가정, 지역사회, 국가, 세계 전체 등의 단위에서 식량안보 문제를 생각하면 사회 경제적인 요소가 중요하다. 셋째는, 식량에 대한 활용이다. 식량 섭취

를 통해 칼로리, 비타민, 단백질 등 충분한 영양분을 얻을 수 있도록 다양하고 안정된 식량 확보가 필요하다.

(3) 농촌의 환경보전 기능

생물은 생존하는 과정에서 주위 자연환경에도 영향을 미친다. 생물에 의해서 만들어진 물질은 많은 생물학적 혹은 물리적인 과정을 통하여 변형되고 분해되어 결국 무기환경, 즉 자연환경으로 되돌아가게 된다. 이 과정에서 생물은 주위에 물질을 배출하거나 혹은 특정한 물질을 흡수함으로써 주변 환경에 영향을 미친다.

농업생산과정에서 환경 및 생태계에 주는 부정적인 효과는 다시 지속적인 농업생산증대에 한계를 가져왔을 뿐 아니라 안전 농산물의 생산에도 영향을 주었다. 또한 인간이 추구하는 쾌적한 환경에도 부정적인 영향을 주었으며, 생태계를 구성하는 많은 생물에도 영향을 주었다.

농업생산과정에서 투입되는 농약이나 비료가 관개수나 강우에 의해 농경지 밖으로 유출될 때 수질환경을 악화시킬 수 있고, 과도하게 투입된 농자재는 지하수를 오염시키기도 한다.

농업의 환경적 공익기능은 홍수조절 기능을 하고 수자원

함량 기능을 한다. 또한 수질정화 기능과 토질유실방지 기능, 대기정화 기능, 기후순화 기능, 유기물 소화 기능, 생물다양성 보전 기능, 경관 기능을 갖는다.

(4) 농촌의 사회문화적 기능

농촌의 사회문화적 기능은 농업생산 활동이 영위됨으로써 농촌과 농촌에 살고 있는 사람에 의해서 생성되는 국민정서 함양기능, 전통문화 유지기능, 지역사회 유지기능, 지역적 영농특성에 의해서 형성되는 농촌경관 등 공익성이 있는 유무형의 비시장 재화를 생산하는 농촌에서의 사회·문화적 순기능이라고 정의할 수 있다.

① 정서함양기능

고향정서, 혈족정서, 농촌생활체험, 자연환경체험, 영농체험

② 전통문화 보전기능

전통생활문화보전, 전통영농용품보전, 유형전승문화보전, 무형전승문화보전

③ 지역사회 유지기능

　도시문제 완화, 공동체의식 제고 및 공동의례의 장, 친환경교육의 장, 향토문화의 장

　④ 녹지공간 제공기능

　자연 및 농경지 경관제공, 보건의 장소, 휴양의 장소

5) 농촌 어메니티

　농촌 어메니티는 우리에게 친근감을 주는 농촌공간의 모든 특성을 통틀어 일컫는 말이다. 농촌 어메니티 자원이라면 야생(wild-life), 특별한 생태시스템, 여가 공간과 오락 공간, 농업생산 활동으로 만들어진 작물이 경작되는 풍경, 주거와 정주형태, 역사 유적지, 사회문화적인 전통 등과 같이 농촌지역에 광범위하게 존재하는 자연적인 또는 "농촌공간에 있는 자연환경, 전통문화 등 사람에게 편안함, 즐거움, 쾌적성을 제공하는 고유한 자원으로써 사회적, 경제적 가치가 있는 모든 자원"이라고 알려져 있기도 하다.

　농촌 어메니티의 가치는,

　첫째, 이용가치: 어메니티가 위치한 장소에 거주하거나 방문함으로써 발생되는 가치

둘째, 선택가치: 장래에 어메니티를 방문할 수 있다는 사실을 인지하는 것으로부터 발생되는 가치

셋째, 존재가치: 단순히 어메니티가 존재함을 인지하는 것으로부터 발생되는 가치

넷째, 유산가치: 어메니티를 미래 세대에게 전승시킬 수 있다는 가능성에서 발생되는 가치이다.

2. 농민(農民)

　농민은 기본적으로 가족노동을 기반으로 하여 자가소비를 1차적으로 충족시키기 위한 농산물을 생산하는 생산자를 말하며, 농업경제의 측면에서 보면 가족을 중심으로 생산과 소비를 결합하여 농업경영을 해나가는 사람이다. 또한, 가족을 기본단위로 하면서도 일정한 규모의 공동체(마을) 속에서 다양한 사회관계를 맺고 살아간다.

　농민은 국가사회에 통합되어 있다는 점에서 미개인과는 구분되며, 이윤을 목적으로 하는 경영을 하지 않는다는 점에서 농업기업가나 농업경영인(farmer)과도 구분된다.

[농업인의 법적 정의]

　농업·농촌기본법시행령　정부개정령[2008. 6. 20　대통령령 20854호]

　제3조 (농업인의 기준) ① 법 제3조 제2호에서 '대통령령이 정하는 기준에 해당하는 자'라 함은 다음 각 호의 어느 하나에 해당하는 사람을 말한다.

1. 1천 제곱미터 이상의 농지(농어촌정비법 제84조에 따라 비농업인이 분양이나 임대받은 농어촌 주택에 부속된 자는 제외한다.)에 의한 비농업인이 동항 본문의 규정에 의하여 분양 또는 임대받은 농어촌주택에 부속된 농지를 제외한다.)를 경영 또는 경작하는 자
2. 농업경영을 통한 농산물의 연간 판매액이 120만 원 이상인 자
3. 1년 중 90일 이상 농업에 종사하는 자
4. 법 제28조 1항에 따라 설립된 영농조합법인의 농산물 출하, 가공, 수출 활동에 1년 이상 고용된 사람
5. 법 제29조 1항에 따라 영농조합법인의 농산물 유통, 가공, 판매 활동에 1년 이상 고용된 사람

② 제1항에 따른 농업인의 확인 방법 등에 필요한 사항은 농림수산식품부장관이 정하여 고시한다.

3 농가

우리나라의 농가는 몇 가지 분류기준에 따라 다음과 같이 구분할 수 있다.

첫째, 영농규모에 따라 대농, 중농, 소농, 영세농으로 나눈다. 대농 2정보 이상, 중농 1~2정보, 소농 0.5~1정보, 영세농 0.5정보 미만 1.3 농가이다.

둘째, 경지의 소유 여부에 따라 자작농, 자차농(自借農), 순임차농으로 나눈다. 자작농은 자신이 소유한 농지만으로 농업을 경영하는 농가를 말하고, 자차농은 자신의 농지를 소유하면서 남의 농지도 임차하여 농업을 경영하는 농가, 순임차농은 자신의 농지는 전혀 없이 남의 농지를 임차하여 농업을 경영하는 농가를 말한다.

셋째, 농가소득원에 따라 전업농과 겸업농으로 나눈다. 전업농은 농가소득이 전부 농업소득으로 구성된 농가를 말한다. 겸업농은 1종 겸업농과 2종 겸업농으로 나누며, 1종 겸업농 농업소득이 전체소득의 50% 이상인 농가를 말하며, 2종 겸업농 농업소득이 전체소득의 50% 미만인 농가를 일컫는다.

넷째, 영농유형에 따라 답작농가·전작농가·과수농가·채소농가·축산농가 등으로 구분하기도 한다.

[농가의 법적 정의]

농림어업총조사 규칙[일부 개정 2005. 7. 21 재정경제부령 450호]

제2조 (정의) 이 규칙에서 사용하는 용어의 정의는 다음과 같다. 〈개정 2005.7.21〉

1. '농업총조사'라 함은 정부가 특정 시점에서 대한민국 영토 내 농가의 농업경영 및 생활의 실태를 파악하기 위하여 실시하는 전수조사로써「통계법」(이하 '법'이라 한다.) 제4조의 규정에 의하여 통계청장이 지정·고시한 조사를 말한다.

1-2. '임업총조사'라 함은 정부가 특정 시점에서 대한민국 영토 내 임가(林家)의 임업경영 및 생활실태를 파악하기 위하여 실시하는 전수조사로써 법 제4조의 규정에 의하여 통계청장이 지정·고시한 조사를 말한다.

2. '어업총조사'라 함은 정부가 특정 시점에서 대한민국 영토 내 어가의 어업경영 및 생활실태를 파악하기 위

하여 실시하는 전수조사로써 법 제4조의 규정에 의하여 통계청장이 지정·고시한 조사를 말한다.

3. '농가'라 함은 가구주 또는 동거가구원이 가계유지를 목적으로 직접 농작물을 재배하거나 가축을 사육하는 가구를 말한다.

4 농촌

   농촌은 도시와 대비되는 지역사회로 농촌부락이라는 의미로도 사용된다. 농촌은 1차 산업인 농업을 직업으로 하는 사람들이 다수를 차지하는 지역사회(地域社會)로 2차 및 3차 산업 종사자가 밀집하여 거주하는 도시에 대응되는 지역을 의미한다.

   그러나 농촌(Rural)이 가지고 있는 특성, 즉 농촌성(Rurality)은 시대와 지역에 따라 빠르게 변화하고 있다. 최근 들어 농촌은 교통과 통신의 발달, 이동성의 증가 등으로 전통적인 특성이 변화하여 과거 도시적 특성으로 파악되던 부분들이 농촌에서도 확산되고 있다. 특히, 도시의 확장으로 전통적인 농촌의 모습이 변화하고 있어 농촌과 도시의 구분을 어렵게 하고 있다. 이러한 현상과는 달리 비농업 분야 사람들, 즉 도시사람들이 생각하는 농촌에 대한 개념은 농촌에 거주하는 사람들과는 다른 측면이 있다.

   일반적으로 농촌이라 하면, 사람들은 탁 트인 개방된 공간, 초록 풍경, 농업활동, 원거리, 적은 사람 등과 같은 일종의 고

정관념을 가지고 있다. 이러한 생각의 배경은 도시인들이 생각하는 이상적인 사회, 즉 정돈되고, 조화롭고, 건강하며, 안전하고, 평화로운 시골이자 복잡한 현대사회의 피난처라는 생각에 근거하고 있다.

이와 같은 농촌성에 대한 인식은 긍정적인 측면도 있지만 도시인들이 만들어 낸 이미지를 농촌의 모습으로 인식하여 피폐한 농촌의 본모습을 정책결정자들이 간과하도록 하는 부정적인 측면도 있다.

1) 농업과 농촌의 역할

(1) 식량안보

농업은 우리가 살아가는데 꼭 필요한 먹거리를 제공한다.

(2) 홍수조절

쌀을 생산하는 논은 많은 물을 저장하여 여름철 홍수를 방지한다.

(3) 아름다운 경관제공

논과 밭은 물과 공기를 깨끗하게 하고 토양을 튼튼하게 한다.

(4) 지역사회 유지

농민에게 농업과 관련된 일자리를 제공한다.

(5) 국민정서 함양

농촌의 풍경과 인심은 우리의 몸과 마음을 편안하게 해준다.

(6) 생태계 유지

논과 밭은 동식물에게 서식처를 제공한다.

(7) 전통문화 보존

농촌은 우리의 고유한 전통문화를 계승, 발전, 보존하는 역할을 한다.

2) 농촌 문화의 특징

한국 농촌문화의 특징은 농민의 의·식·주생활을 비롯하여 가족생활·친족관계·경제생활·협동생활, 신앙과 의례생활, 예술과 오락활동, 교육과 매스 커뮤니케이션, 농촌과 도시의 접촉에서 나타나는 행동과 물질적 측면, 사회조직과 제도적 측면, 정신적인 면에서의 관념과 이데올로기의 측면에서 구체

적으로 나타난다. 이러한 농촌문화의 특징은 그대로 농촌사람들에게 내면화되어 농민의 사회적 성격을 형성한다. 그러나 농촌문화 속의 농민의 사회적 성격은 항상 고정불변하는 것이 아니고, 농촌사회 내부의 새로운 발견과 발명에 의한 새로운 아이디어와 외부사회와의 접촉과 모방·차용, 기타 국가의 시책과 계획에 따르는 제반 정치과정과 교육 및 매스 커뮤니케이션의 영향을 받아 항상 변화한다.

3) 농촌의 의식주

의식주의 생활양식은 가장 기본적인 문화의 공통분모로써 모든 사람이 일상의 관심을 갖는 문화이다. 따라서 생활의식과 관계 깊은 문화인 것이다. 또 의식주의 생활양식은 사회적 지위와 계급을 나타내는 상징이 되기도 한다. 그러나 의식주에 나타나는 문화의 특징은 그 사회의 역사적 배경과 사회적 조건 및 경제상태에 따라 결정된다고 볼 수 있다.

의복의 기능은 추위와 더위를 막고 살갗을 보호하기 위한 생리적 기능과 자기 미화의 본능에서 생긴 심미적(審美的) 기능, 악신을 쫓고 선신을 기쁘게 해 주는 주술종교적 기능, 치부를 은폐하고 체면을 존중하기 위한 도덕적 기능, 계급과

● 농촌체험관광해설사 ●

지위 및 성별·연령·직업상의 지위를 상징하기 위한 상징적 기능에 있다고 하겠다. 그런데 도시에 비해 한국의 농촌에서의 농민들의 복식(服飾)은 사회문화적으로나 경제적으로 거의 동질적이며 계급적인 차이도 거의 나타나지 않고 있다. 뿐만 아니라 의복의 형태와 색채를 중심으로 한 모방성도 강하지 못하고, 머리의 모양도 구태의연한 채로 새로운 유행에 민감하지 않고 재래 한국의 민간 고유문화와 전통을 그대로 전승하고 있다고 볼 수 있다. 농민의 의생활은 사치와 모방, 유행, 도덕적 기능보다도 생활의 효용성을 우선한다. 특히 과거의 유교문화에 바탕을 두었던 예복(사모관대·족두리 등)과 변발(辮髮)·상투 등은 깊은 산간촌락이나 도서지방을 제외하고는 거의 없어진 상태에 있다.

  도시에 비하여 한국 농촌의 음식물은 거의 자급적이며 가공품이 비교적 적은 부분을 차지하고 있다. 식생활의 행동양식 중에서 특히 식사 때의 좌석은 한국 농촌의 권위와 결부된 가족관계를 잘 보여 주고 있다. 예컨대 조부모와 부모, 자녀들로 구성된 가족에서 볼 때 조부는 외상을 받거나 부(父)와 겸상하고, 조모는 장손(長孫)과 겸상하며, 모(母)와 다른 자녀들이 모두 함께 겸상하거나 방바닥에 놓고 먹는다. 명절

과 생일·혼인·환갑·제사 때의 회식은 농촌에 있어서는 친척과 이웃사람·마을사람들이 음식을 나눠 먹는 계기가 되며 이런 기회에 서로 청하고 대접을 받으며 상호 증여(贈與)행위가 이루어져서 공동체 의식을 더욱 두텁게 한다.

가옥의 형태와 건물의 배치는 지역에 따라서 다양하다. 한국 민가의 가옥구조를 두 가지로 크게 분류해 볼 때, 한국의 일반형은 대지의 제한을 받고 형성된 민가로써 경기도를 중심으로 한 각 지방에서 흔히 볼 수 있는 'ㄱ·ㄷ·ㅁ·二자형(型)'이 이에 속하며, 북부형은 대지의 제한을 받지 않고 독립하여 발생한 민가로 한국의 북부와 동해안 특히 산간지대에서 일반적으로 볼 수 있는 전목형(田目型)이 이에 속한다. 그러나 일반적으로 도시에 비해서 농촌의 가옥은 대지의 제한을 덜 받기 때문에 그 구조가 덜 복잡한 것이 특징이다.

4) 농촌의 활동

(1) 계

하나의 사회조직으로서 계의 형태·기능을 보는 것은 농촌의 사회와 문화를 이해하는데 도움이 될 것이다. 한국의 계의 성격에는 마을의 성격이 그대로 반영된다고 보는 견해도 있어, 계의 형태와 기능의 변모는 농촌의 사회와 문화의 변질을 살펴보는데 좋은 지표가 된다. 옛날에는 마을 전체가 계의 성격을 가지고 있었으며, 이러한 계의 성격에는 다분히 지역적 연대와 전통주의 및 도의적인 성격이 농후하였다. 현재에도 한국 농촌에는 동계(洞契)와 종계(宗契)·산림계(山林契)·성황계(城隍契)·혼인계(婚姻契)·회갑계(回甲契)·위친계(爲親契)·상포계(喪布契), 기타 돈계와 오락 친목을 위한 여러 가지 계조직이 있다. 이들 계의 주요 기능은 농민들이 일시에 큰 돈을 마련하기가 어렵기 때문에 마을의 큰 행사나 문중행사·부락제·혼인·환갑·초상을 치를 때 계원끼리 물질적으로나 노력으로 상호부조하며 친목을 도모하는 것이다. 물론 계의 형태를 취하지 않더라도 첫돌과 혼인·환갑·장사·제사에는 가까운 친척과 친지, 마을사람들 간에 돈과 음식·기념품·노력(勞力) 등을 증여의 형식으로 주고받는 일이 허다하다. 이러한 협동생활은 도시보다 농촌에서 훨씬 활발하게 행해지고 있으며 그로 인한 공동체의식도 더욱 공고(鞏固)하게 된다.

(2) 품앗이

품앗이는 노임(勞賃)을 주지 않는 1 대 1의 교환노동 관습이다. 대개 마을을 단위로 해서 이루어지는데 노력(勞力)이 부족할 때 수시로 이웃 사람에게 요청하며 그들로부터 받은 품에 대해서는 일을 해서 갚는다. 또 품앗이는 완전히 개인적인 몇몇 사람들 간의 교환노동으로 서로의 신뢰를 전제로 하고 노동가치를 동등하게 인정할 수 있는 사람들 사이에서만 이루어진다. 품앗이로 하는 일은 농사를 비롯해서 퇴비(堆肥)·연료장만·벼베기와 같은 남자들이 하는 일뿐만 아니라 큰일에 음식을 장만하고 옷을 만드는 여자들의 일도 포함된다.

(3) 두레

두레는 마을의 모든 농민이 그 마을의 경작지에 대해 자타 구별 없이 일제히 조직적으로 집단 작업을 하는 조직이며, 각 집의 경지 면적과 노동력에 따라서 나중에 임금을 결산하여 주고받는 공동 노동의 형태이다. 이와 같이 협업의 성격을 띤 공동 노동은 한국에서 장기간에 걸쳐 농촌 경제를 지배해 왔던 노동 조직이었다. 한국의 고대사회에서는

이러한 두레가 대내적으로는 노동 단체·예배 단체·도의 단체·유흥 단체의 의의를 가졌었으며, 한편 대외적으로는 군사 단체로 동지동업(同志同業)의 순수한 결사의 뜻을 가졌었다. 그것이 오늘날에는 농촌의 민간에만 잔존하여 여러 가지 민간 협동체를 파생시킨 것이다. 두레는 또한 공동 노동 조직임과 동시에 일종의 오락이라고도 할 수 있다. 즉, 마을의 농악대와 그들의 농악 연주 및 무악을 가리키기도 한다. 이렇게 볼 때 두레와 농악 및 공동 노동은 서로 밀접한 관계를 맺고 있는 것 같다.

5) 농촌의 전통적 가치

(1) 신화(神話)의 가치

① **단군 신화**: 자연적 인본주의(人本主義) ; 홍익인간(弘益人間), 홍범구주(洪範九疇), 삼강오륜(三綱五倫) 등.

② **신농(神農) 신화**: 생기론적(生氣論的), 농학원리(農學原理), 농본주의(農本主義 : 중본억말〈重本抑末〉철학)

(2) 역사적 중심인물 가치

① **세종**(世宗): '중국과 다른' 우리의 농학(農學), 향약(鄕藥), 글(한글)을 창제함.

② **정조**(正祖): 우리의 농학, 실사구시(實事求是), 경세치용(經世致用)·이용후생(利用厚生)의 실학, 구황방(救荒方), 탕평책을 선도함.

③ **박정희**: 통일벼 육성으로 녹색혁명을 유도하고 농촌새마을운동과 농공병진정책으로 농촌근대화를 이룩함. 대한민국의 경제발전에 초석을 놓음.

이들 역사적인 3인물의 치적을 통하여 도출할 수 있는 공통점은 노농주의(老農主義), 신토불이론(身土不二論), 애향적 농촌공동체 정신을 바탕으로 하는 소농, 소시민들의 자주(自主), 자립(自立), 자조(自助) 정신에 있다고 할 수 있다.

(3) 전통농업의 기술

우리나라의 고유한 전통적 농업기술은 조선시대의 세종조와 정조조를 중심으로 재정비되어 각종 농서로 기록되고,

지방의 향관들을 통하여 보급되어 왔다. 대부분은 고대 중국의 농사기술들이 농서(農書)나 국가 간 교류를 통한 기술 파급을 통하여 입수된 다음, 오랜 세월을 거치면서 시행착오와 수정가감·변형 또는 재창출된 것들이다.

① 농서『농사직설(農事直說)』의 편찬

『농사직설』은 1429년에 정초(鄭招), 변효문(卞孝文)이 편찬한 최초의 우리나라 노농식 농서로써, 우리나라 실정과 경험을 살펴서 농사기술의 자주(自主)·자립(自立)·자조(自助)를 도모하기 위하여 쓰인 책이다.

1655년에 신속(申洬)에 의하여 새롭게 증보(增補)되어 세종(世宗)의 권농교문(勸農敎文)과 함께 『농가집성(農家集成)』으로 재출간되기도 하였다.

② 다모작(多毛作) 기술

우리나라는 중국과 다른 토지·강수 등의 농업입지와 거름자원의 활용법을 살려서 토지이용도를 100% 이상으로 높이는 여러 모형의 다모작법(多毛作法)을 실현시킬 수 있었다.

③ 혼작법(混作法)

　혼식(混植)·교작(交作)·혼파(混播)·잡종(雜種) 등의 명칭으로 불리던 파종, 재배방식이다. 작물이 생장하고 성숙하여 생산케 되는 산물을 가장 극적으로 손실케 되는 현상은 기상적 혹은 생물적 재해에 기인한다.

　『농사직설(農事直說)』의 경지조(耕地條)에서는 "녹두를 심어 무성하게 자란 뒤 갈아엎으면 잡초와 벌레가 생기지 않고 척박한 땅이 좋아진다"고 함으로써 잡초, 해충방제와 비옥도 증진에 대한 재배조치술이 기술되고 있었다.

　『농가집성(農家集成)』에서는 "모를 못 내어 모내기가 늦어지면 파리똥 모양 크기의 검은 반점이 생기는데 세속에 시는 이를 파리오줌이라 부른다"고 하여 농시 사상 처음으로 병해(病害) 기록이 보인다.

　『농사직설(農事直說)』의 밭벼 재배의 경우, "혹 밭벼2, 피2, 팥1의 비율로 섞어서 파종하기도 한다"고 하였다.

　『농가월령(農家月令)』에는 기생식물인 새삼을 방제하기 위한 하나의 방책으로 "새삼은 생물체로 그 피해가 더욱 심한데, 콩에 기생하기를 즐기며 팥밭은 선호하지 않는다. 만일 이런 근심이 있으면 콩 한 고랑에 팥 한 고랑씩 서로 사

● 농촌체험관광해설사 ●

이를 띄워 교호로 파종함이 가하다"고 하였다.

④ 소농의 집약농법(集約農法) 확립

• 가래

 가래는 삼각구도의 원리에 의하여 힘을 분산, 통합하도록 3명이 협동하여 한 조를 이루지만(외가래), 일곱 사람이 한 조를 이루거나(칠목가래) 두 개의 가래를 연이은 것에 열 사람이 한 조를 이루는 경우(열목가래)도 있었다고 한다. 주로 농경지가 경사지거나 논이 많은 우리나라에서는 가래를 이용하여 논두렁을 만들거나 재정리하는 작업을 하였다.

• 호미

 호미는 쟁기 다음으로 우리나라 농사일에 중요하게 쓰이며, 일상적으로 대부분의 농사일에 적용되는 전통적 농구이다. 또한 호미는 중국에서도 일찍부터 발달되어 농사의 가장 보편적, 실제적 동반자 몫을 하여 왔지만, 우리나라는 중국과 다른 독창적인 호미를 창안하여 쓰기에 이르렀고, 농사일의 상징적 존재로써 우리나라 농경문화의 지표에 기여한 농구이다. 호미는 중경(中耕)과 김매기에 주로

쓰인다.

　우리나라에서는 선호미(立耰)를 평안도 지역에서 쓰고, 남한에서는 자루가 짧은 앉은식의 소서(小鋤)를 써 왔다. 특히 황해도 이남의 지역에서 쓰고 있는 소서는 우리나라에서만 볼 수 있는 독창적이고 고유한 농구라 하였다.

• 낫

　『농사직설』에 15세기에 이미 일반의 평낫이나 우멍낫과 함께 장병대겸(杖柄大鎌)이라는 특수한 형태의 큰 낫이 있어서 대면적 농경지의 수확이나 곡초의 예취(刈取)작업에 이용되었다고 한다.

　우멍낫은 그 목과 자루가 길고 날의 폭이 좁으며 끝이 뾰족한 특징을 보이고, 주로 나뭇가지를 작벌하는데 쓰였다. 평낫은 자루가 짧고 날이 넓은 특징이 있어서 주로 풀을 베거나 벼·보리·밀, 기타의 곡초를 예취하는데 쓰였다. 조선낫은 중국낫에 비하여 끝이 뾰족할 뿐만 아니라 그 형태도 중국 것에 비하여 훨씬 세련되고 예리하게 생겨서 그 이용면이나 능률면에서 장점이 많은 우리나라 고유의 농구였다고 할 수 있다.

● 농촌체험관광해설사

• 지게

　지게는 우리나라에서 창안된 가장 우수한 운반도구 가운데 하나이다. 일반적인 지게의 모습은 양쪽의 기둥나무가 되는 새고자리, 두 개의 새고자리를 연결짓는 세장, 그리고 가지·밀삐·지게작대기로 이루어졌다. 지게의 무게는 5~6kg에 지나지 않지만, 건장한 남자의 경우 50~70kg을 가볍게 지고 다닐 수 있다.

• 농사소(農牛)

　소가 농사일에 참여하는 작업은 첫째로 논이나 밭을 쟁기로 깊이갈이[深耕]하는 일이고, 둘째는 논과 밭의 두둑을 만들거나 북돋우기를 위하여 두둑 사이를 얕게 갈아붙이는 작업이다. 셋째는 갈아엎은 흙덩이를 잘게 부수어 토양을 부드럽게 함으로써 파종, 이앙, 이식을 돕는 써레질이며, 넷째는 농사일 안팎의 짐을 운반, 견인하는 작업을 들 수 있다.

⑤ 구덩이농별법[區田別法]과 다랑논[天水畓]

　박지원은 '응지진농서'로『과농소초(課農小抄)』를 나라에 바치면서 '전제(田制)'편의 상소내용에 구종의 별법을 건의

하고 있다. "구전법(區田法)은 반드시 가래나 괭이로 파서 일궈야 하는 것으로써 소나 쟁기를 쓸 수 없는 것이 오히려 단점의 첫째이고, 반드시 물을 길어다 관수해야 하므로 물두레를 쓸 수 없는 것이 둘째이며, 또 밭고랑과 행로가 따로 있어야 하는데 지면의 반을 경지에서 버리고 구종(區種)하면 반 가운데 또 반을 버리는 셈이니 그것이 셋째 단점이 된다"는 것이었다.

구종별법은 나뭇가지를 쳐서 땅에 박아 둠으로써 이듬해 봄의 파종기까지 주변에 내리는 강수·강설을 모아 수분을 확보케 하고, 나무의 일부가 부패하여 파종구덩이에 밑거름으로 쓰이며, 나머지는 땔감으로 쓰이는 동시에 기본적인 구덩이 재배법을 대신하는 장점이 있는 것이었다고 할 수 있다. 반면에 다랑논[天水畓]은 비단 우리나라에서만 있었거나 있는 것이 아니라 벼를 재배하는 대부분의 나라에 있는 농지이다. 산악지의 논이란 지형과 관수조건 때문에 대부분 다랑논일 수밖에 없다.

우리나라는 산지가 많고, 산에서 농수(農水)를 얻을 수 있었기 때문에 농사의 시작은 산지농(山地農), 산도(山稻)로 이루어져 점차 평야지로 내려왔다고 한다. 아마도 산

곡(山谷)을 흐르는 계곡물 좌우에 다랑논이나 밭을 연이어 내고 물이 필요한 때는 쉽게 계곡물을 이용하여 관개하는 방식이었을 것이다.

⑥ 독특한 작부체계화(作付體系化)

작부체계는 농지의 효과적인 이용도를 높여서 농업생산성을 향상시키려는 토지경영기술이며 재배생산기술이다. 『농사직설(農事直說)』의 파종 및 작부양식을 보면, 벼의 균살(均撒)·기장과 조 및 피의 살척(撒擲)·삼의 살파(撒播)와 같은 흩어뿌림이 일반적이었고, 혼파(混播)는 생육기간이 같은 작물끼리 섞어뿌림하는 양식이지만, 보리골 사이에 콩을 심는 경우에는 사이짓기[間作]로써 작물 간에 일정 기간만 생육 기간이 겹치는 방식이다. 혼파와 간작 또는 땅을 놀리지 않고 계속 매년 재배하는 이어짓기[連作]에서는 일정한 작부의 체계가 성립되며, 15세기 전후의 대표적인 작부체계는 두 작물이 앞뒤의 그루로 편성되어 1년 2작 또는 2년 4작하는 형태였다.

1년에 2작물(콩+보리, 보리+조 또는 기장)을 재배하는 1년 2작의 작부방식이다. 따라서 『농사직설(農事直說)』의 농법은 농지를 계속 한 작물로 재배하는 이어짓기[連作]

가 가장 보편적이었고, 예외적으로 해바꿈[歲易]하는 휴한 농법이 인정되고 있었다. 이는 『경국대전(經國大典)』에서 언급하고 있는 '속전(續田)'이나 '진전(陳田)'과 다른 형태의 작부양식이다. 휴한은 삼(麻)과 같은 매우 특수한 작물의 재배에 국한되어 적용되었다.

우리나라에서 독특하게 개발·발전시킨 작부방식으로는 다음과 같은 기술들을 들 수 있다.

가. 얼보리에 의한 답중종모법(畓中種牟法: 畓裏作의 서막)

토양의 비배 관리체계와 특히 객토법 및 기비(밑거름) 기준을 마련하면서 상경(常耕)체계를 이룩하였으며, 논의 이앙법(苗種法, 移秧法)을 수용하면서 답전·후(畓前後)의 작부 가능성을 열게 된 것이다.

나. 그루갈이법(根耕法) 확립

『농사직설(農事直說)』은 "보리·밀이 새 곡식과 묵은 곡식을 연결하는 농가의 가장 시급한 식량"이라 정의하고 있다. 논에 보리·밀을 재배하는 답리작(畓裏作, 畓中種牟法)을 현실화하듯이, 보리·밀밭에도 다른 작물을 삽입하여 1년 2작하는 작부체계, 즉 보리·밀을 '1년 1작(단작)' 재배

법과 같이 보고 여기에 일부 요점(要點)을 삽입시켜 설명하고 있다.

다. 마른갈이법(乾播法)

대표적인 기술로 밭못자리법(乾秧法)과 마른논직파법(乾畓直播法)을 들 수 있다.

마. 답전윤환법(畓田輪換法)

물이 부족한 함경북도 길주(吉州)에서 물을 절약하여 주민 간에 나누어 쓰면서 벼농사를 위주로 하는 윤환재배법(輪換栽培法)을 성사시켰던 다음과 같은 역사적 사례를 설명한 내용이었다.

첫째, 우선 논을 논 상태와 밭 상태로 교대하며 이용하게 되므로 논에서는 밭에서 발생하는 잡초종, 즉 건생(乾生)의 잡초종을 생태적으로 억제하여 방제하게 되고, 밭 상태일 때는 주로 논에서 발생하는 잡초종, 즉 습생(濕生)·수생(水生)의 잡초종을 생태적으로 억제하여 방제함으로써 잡초의 발생량 자체를 적게 유도하는 재배법이 된다. 둘째, 일반적으로 논농사는 밭농사보다도 일손이 덜 들고, 밭농사가 비교적 한산한 시기에 논농사의 일손이 집중적으로 소요되는 경우가 많으므로 윤답의 재배 형식은 노동력 배분이라는 점에서 매우 합리적이다. 셋째, 야생벼와 같이 벼의 생리·생태적으로 유전근원을 유사하게 하는 잡초종의 방제를 쉽게 하고, 그 발생을 감소시킬 수 있다. 넷째, 논과 밭의 조건을 교호로 바꾸어 주는 답전윤환(畓田輪換)의 농경지는 토양의 이화학적 성질을 개선시키고, 또한 미생물군의 다양한 번식을 유도하는 것으로 알려져 있다. 다섯째, 무엇보다도 이 방식 채택의 원인과 목적이 되는 물 사용을 적극적으로 절감시키는 농법으로써 가히 미래지향적인 방식이라 할 수 있다.

바. 돌려짓기[輪作法]

작부체계, 특히 윤작체계는 전통적으로 우리나라에서 잘 발달된 재배기술이었다. 다만 원리적 체계화나 합리적 설명을 하는데 다소 미비한 것이 흠이었다.

토지 4분의 1씩 매년 순서를 정해 심는 것은 순무·보리·거여목·밀과 귀리이다. 올해 보리밭의 반에 거여목을 심었으면 다음해에는 잠두·완두·감자·자운영[翹搖] 등을 심는다. 4년마다 다시 그 곡식을 심기도 하고 8년마다 다시 그 채소를 심기도 한다.

⑦ 분뇨(糞尿) 활용법

인간이나 가축의 똥·오줌[糞尿]은 목축을 위주로 하지 않는 동양의 농사에서는 더없이 귀한 거름원이었다. 서유구는 『임원경제지(林園經濟志)』를 통하여, 생똥[大糞]은 기운이 왕성하기 때문에, 남쪽지방에서 논밭을 가꾸는 농가에서는 항상 밭머리에 벽돌로 울타리를 만든 구덩이에서 거름을 삭힌 뒤에 쓰니, 『농정전서(農政全書)』에서는 "비록 거름을 삭히더라도 논밭에 지나치게 많이 뿌려서는 안 된다. 많이 쓰려면 섣달에 거름을 주어야 한다." 이 방법을 사용한 밭은 아주 기름지다. 북쪽 지방의 농가에서도 이 방법을 본받아야 할 것이다.

『임원경제지(林園經濟志)』의 여섯 가지 거름 수거·제조·갈무리 방식에 의하면, 거름을 만드는 데에는 답분법(踏糞法)·교분법(窖糞法)·증분법(蒸糞法)·양분법(釀糞法)·외분법(煨糞法)·자분법(煮糞法) 등 여러 방법이 있는데, 자분법이 가장 좋다.

『농정신편(農政新編)』에는 인분은 따뜻하고 촉촉한 지방과 휘발하여 날아가 보이지 않는 염분을 함유하고 있기 때

문에 양분이 되는 기운이 매우 강하여 초목이 싹트고 생장하는 기세를 대단히 왕성하게 해준다. 재, 흙, 물 등에 인분을 섞어서 회분(灰糞)·납토(臘土)·합비(合肥)·삼화토(三和土)·수분(水糞)·수비(水肥)·하비(下肥) 등의 거름을 만드는데 각각 그 제조방법이 있다.

⑧ 소농경영기술(小農經營技術)

여러 가지 원인이 있겠지만, 우리나라는 전통적으로 소농(小農)의 구조를 벗어나지 않고 있다.

(4) 전통농업(傳統農業) 문화(文化)

① 두레문화

두레는 소농경영의 어려움을 극복하기 위해 조직되었으므로 공동노동으로써 진취성과 농민들의 자주적 성격이 매우 강한 긍정적인 조직이었으며, 두레의 상부상조 전통은 아름다운 미풍양속으로 자리잡았다. 두레는 조선 후기 이앙법이 전개되면서 보편적인 농민생활풍습으로 정착되었으며 농민문화의 풍물을 발전시키는데 결정적인 역할을 했다. 또한 두레싸움·두레밥·두레기·두레놀이풍습 같은

농민생활풍습의 바탕이 되기도 했다.

　일(노동)과 놀이란 상호 간에 대조, 대칭적 속성을 띤다고 하겠다. 일상적인 대규모 농사일인 벼농사에서는 동시적인 단체 작업이 불가피하며, 놀이를 결합한 노동이 현실적이다.

② 경천행사(敬天行事)

　『태종실록』에 "친경의식은 신명(神命)을 공경하고 농업을 중히 여긴다."고 하였다. 그래서 세종조(1437)의 기록에 의하면, 친경의식의 효험을 나타내는 표현으로 "왕궁 후원에 시험삼아 밭을 갈고 사람의 할 바를 다하였더니 가뭄조차도 재해를 못 미치고 벼가 잘 여물었으니 이는 곧 사람의 정성[人力]으로 구한 것"이라 한 바 있다.

　1474년에 편찬된 『국조오례의(國朝五禮儀)』에 의하면 "봄과 가을 및 동지 후의 셋째 술일(戌日) 또는 납일(臘日)에 토신(土神)인 국사(國社)와 곡신(穀神)인 국직(國稷)을 제사지내는 사직제(社稷祭)가 있다. 풍작과 안녕을 비는 제례 행사로써 국사에는 후토씨(后土氏), 국직에는 후직씨(后稷氏)를 제사하되 군왕, 시신(侍臣), 왕세자 등이 참석하여 거행하였다. 또 신농씨(神農氏)와 후직씨를 제사하는

선농제(先農祭), 잠신(蠶神)인 서능씨(西陵氏)를 제사하는 선잠제(先蠶祭), 왕마지정(王馬之政)을 맡는 천사성(千駟星), 가뭄에 비를 기원하는 기우제(祈雨祭), 기나긴 장마에 비를 멎게 해 달라고 비는 기청제(祈晴祭), 납일(臘日)까지 천지가 하얗게 눈이 세 번[三白] 내려서 흉작을 면하게 해 달라고 눈[雪]이 오게 해 달라고 비는 기설제(祈雪祭)" 등의 제사가 있었다.

③ 음양오행설(陰陽五行說)

농경행사를 주축으로 하면서 만든 세시기(歲時記)나 농가월령(農家月令)은 통치자의 연중행사와 백성들의 민속행사, 권농행상, 제천행사를 총괄하였다. 더욱이 5행설(五行說)의 주체가 천지(天地)를 가름하는 음양의 대자연이 물(水), 불(火), 식물(木), 철(金), 흙(土)의 다섯 요소로 만들어져서 음행의 섭리를 만들고, 그 표상이 농경이라고 생각하는 철학이었으므로 이 또한 얼마나 중농사상을 굳건히 버티게 하였는지를 잘 말해 준다.

④ 온돌(溫堗)의 생활문화(生活文化)

온돌은 처음 겨울철 한랭한 지방에서 난방을 하기 위해

발명되어 초기에는 주로 하층의 민간에서 주로 사용된 듯하다. 한반도의 온돌 보급에 결정적인 영향을 준 것은 고구려였다고 볼 수 있다.

온돌은 고려 말 사대부들에게 확산되었으며, 조선시대 초기에는 주로 궁전과 관사(官舍)에도 온돌이 설치되기도 하였다. 특히 조선시대의 온돌 보급은 유교로 무장한 독서층들이 중요한 역할을 했다는 점이 초기 북부지방의 온돌과 다른 점이라 할 수 있다.

온돌방에서 식사는 물론이고 가족 및 이웃의 대소사가 논의되었으며, 공동체문화가 뿌리내리게 되었다. 그리고 온돌 위에서는 모두 가부좌로 앉아 생활했기 때문에 좌식문화와 생활습관이 형성되었던 것이다.

⑤ 발효음식 · 조화식단 및 밥상

가. 대표적인 한식(전통향토음식)

- 쌀을 중심으로 하는 오곡밥과 떡류
- 장류(간장, 된장, 고추장)
- 전통 주류(탁주, 약주, 청주, 소주 및 각종 민속주와 농민주)

- 김치를 중심으로 하는 담금채소(김치, 깍두기, 동치미 등)
- 조리법에 따른 음식(비빔밥, 쌈밥)

나. 한식의 우수성 인식

- 계절에 따라 식재료와 조리법이 조화되는 자연음식
- 다양한 식재료와 발효법을 활용한 깊은 맛
- 영양학적으로 균형을 이룬 건강식
- 발효식품의 항암 등 우수한 기능성
- '김치' 세계 5대 건강식품 중 하나로 선정(「Health」지)
- 비만 예방적 영양적 균형식의 모범음식(영국 「파이낸셜타임」지)
- 영양적 최적음식, 환자 메뉴로 제공(미국 LA '굿사마리틴' 병원)

MEMO

제2장
농촌관광

1. 농촌관광의 개념

    농촌관광은 도시지역을 벗어난 농촌지역에서 다양한 관광활동을 통하여 농촌다움을 체험하고 즐기는 관광이라고 할 수 있다. 농촌다움이란, 농촌지역의 물리적 특성과 그곳에 토착된 문화를 가리킨다. 농촌관광은 일반적인 대중관광과 대별되는 대안관광의 한 형태로써, 도시와는 구별되는 독특한 자연, 생태, 경관, 생활문화, 역사 등을 보유한 농촌이라는 공간에서 이러한 자원을 활용하여 농촌지역주민에 의해 상품과 서비스가 제공되는 관광활동을 의미한다.

    농림부(2005)에서는 "농촌의 자연경관과 전통문화, 생활과 산업을 매개로 한 도시민과 농촌주민 간의 체류형 교류활동이며, 도시민에게는 휴식 휴양과 새로운 체험공간을 제공하고, 농촌에는 농산물 판매(1차), 가공산업(2차), 숙박, 음식물, 서비스(3차) 등 소득원을 제공하는 지역 활성화운동"으로 정의한 바 있다. OECD (1994)에서는 농촌관광을 "시골, 지방 등의 농촌에서 발생하는 관광"으로 정의하며, "농촌성(rurality)이 농촌관광의 핵심"이라 강조한 바 있다.

　농민들이 농촌다움을 바탕으로 소규모의 농촌지역사회의 농민들이 생업인 농업이나 농촌생활문화, 지역의 경관과 환경, 생태 등을 도시민과 교류와 체험을 통하여 이루어지는 일련의 과정을 관광이라 할 수 있다. 즉, 농촌관광이란 농촌활동과 풍성하고 깨끗한 자연경관과 지역의 전통문화, 생활, 생태라는 산업을 매개로 한 도시민과 농촌 주민 간의 체류형 교류활동이라 볼 수 있다.

용어의 개념

* **농촌관광**: 도시와는 구별되는 독특한 자연, 생태, 경관, 생활문화, 역사 등을 보유한 농촌에서 농촌의 자원을 활용하여 농촌지역 주민에 의해 상품과 서비스가 제공되는 관광활동
* **마을관광**: 관광이 이루어지는 공간 가운데 마을을 강조한 개념이며, 마을 단위의 관광활동
* **관광마을**: 마을 주민과의 일체성을 강조하는 관광전략을 반영하여 조성한 마을
* **농촌관광마을**: 마을 단위 관광활동이 이루어지는 공간적, 입지적 의미가 부여된, 농촌관광을 추진하는 마을

● 농촌체험관광해설사 ●

2 농촌관광 사업의 전개

　농촌관광은 농외소득원개발촉진법(1983)을 제정하면서 농외소득 정책의 일환으로 시작되어 관광농원, 농어촌관광휴양단지 등 농촌관광사업이 도입되면서 농외소득의 향상에 역점을 두게 되었다. 관광휴양자원, 가공산업, 특산단지 육성 등에 중점을 1990년대에 타 산업 유치를 통한 농외 취업보다 점차 농촌 내 부존자원을 이용한 새로운 부가가치를 창출하기 위한 정책으로 전환되었다.

　2000년대 들어와서 농촌 내 부존자원을 활용하면서 도시민의 여가 요구를 받아들일 수 있도록 기존의 사업들이 내실화를 기하면서 마을 단위로 관련 사업들이 추진되기 시작하였다.

　농촌관광 관련 사업은 세 가지로 구분할 수 있는데, 농어촌관광휴양사업, 농촌관광마을사업, 지역개발사업 등이다.

　농어촌관광휴양사업은 농촌지역의 풍부한 관광휴양자원을 농업과 연계하여 보전, 개발함으로써 도농교류를 촉진하고 농촌 소득증대 및 지역개발의 촉진을 도모하는 것을 목적으로

농어촌휴양단지사업, 관광농업사업, 주말농장사업, 농어촌민박사업으로 구성되어 있다.

  농촌관광마을사업은 농림부의 녹색농촌체험마을, 농촌진흥청의 농촌전통테마마을, 행정자치부의 아름마을가꾸기, 환경부의 자연생태우수마을 및 생태복원마을, 강원도의 새농어촌건설운동, 해양수산부의 어촌체험관광마을, 농협의 팜스테이 등이 있다.

  지역개발 사업은 생활환경, 편익, 복지시설 등을 종합적으로 정비, 확충하여 농어민의 삶의 길을 향상하고 국토의 균형개발을 도모하는 사업으로 농림부의 마을종합개발사업, 전원마을조성사업, 행정자치부의 오지종합개발사업, 산림청의 산촌종합개발사업 등이 있다.

  기타 농촌관광사업과 연계가 가능한 사업으로 정보화마을사업, 농업종합자금지원사업, 지역특화사업, 농가단위 주거환경개선사업, 농업 농촌 정보화기방구축사업 등이 있다.

● 농촌체험관광해설사 ●

3. 농촌관광의 주요 유형

농촌을 찾는 관광객은 전원풍경이 뛰어나고 거주지에서 가까운 거리에 있으며, 개량된 숙박시설을 갖춘 강변에 있는 마을을 가장 이상적인 농촌관광 장소로 꼽으려 한다. 농촌생활의 체험보다는 전원감상, 먼 곳보다는 가까운 곳, 불편한 재래식시설보다는 개량된 숙박시설, 평지나 산속보다는 강변을 더 선호하고 성별, 연령대별, 주된 성장 지역별, 가족구성 형태별, 소득수준별, 학력별로 조금씩 차이가 있는 것으로 알려졌다.

농촌지역의 발전을 위하여 개발하고 있는 농촌관광마을에는 녹색농촌체험마을, 전통테마마을, 팜스테이, 농촌문화관광마을, 소도읍개발에 의한 지역, 정보화시범마을, 산촌종합개발사업에 의한 산촌마을, 농촌종합개발사업에 의한 지역, 해양수산부에서 추진하고 있는 어촌체험마을 등이 대표적이다.

4 농촌관광의 특징

농촌관광은 일반적 대중관광과 차별적인 다음의 특징을 갖는다.

첫째, 농촌지역에서 발생하는 관광활동: 풍부한 자연자원 속에서 이루어지는 관광으로써, 대개 전형적인 농산어촌이 중심이 된다.

둘째, 농촌 지역의 잠재 자원을 바탕으로 하는 관광활동: 관광자원이 인공적 시설보다는 아름다운 자연경관과 깨끗한 환경, 고유한 역사와 문화 등에 토대를 둔다.

셋째, 농촌 지역의 환경, 생태, 경관의 유지와 보전을 강조하는 농촌관광은 농촌지역의 자원을 바탕으로 하는데, 그 자원은 농촌지역의 환경, 생태, 경관, 역사, 문화, 산업 등이다.

넷째, 소규모 개발방식을 지향하는 농촌관광은 외지자본에 의한 대규모 개발사업을 가급적 지양한다. 이것은 농촌지역의 지속성과 관광의 지속성을 훼손한다.

다섯째, 도시민이 농촌을 방문하여 그곳에 살고 있는 농촌주민들과의 교류를 바탕으로 농업과 농촌의 생활문화를 체험

● 농촌체험관광해설사 ●

하는 것을 특징으로 한다.

여섯째, 농가와 농촌지역 활성화에 기여하는 관광활동: 농촌지역이 활성화되기 위해서는 농업소득의 감소분을 대체할 수 있는 새로운 소득원 개발이 필요하다.

일곱째, 농촌관광의 양면성: 관광은 지역주민의 소득증대로 생활수준은 향상시키지만, 관광개발에 따른 사회문화적 비용도 발생한다.

5 농촌관광의 지역에 대한 영향

1) 긍정적 영향

(1) 사회 경제적 영향

* 소득(고용) 창출(유발)
* 경제기반 강화(1차 산업 중심의 취약성 극복)
* 경제편익 증가(사회간접 투자에 따른 이익 수혜)
* 성별(여권신장)이나 사회적 불균형을 줄이는데 도움
* 집단 공동체 활동을 강화시킴.

　　* 인구감소지역의 인구유지기회 제공
　　* 지역 산업의 촉진

(2) **문화적 영향**

　　* 지역의 전통문화를 계승, 발전시킬 수 있는 기회 제공
　　* 지역에 대한 자부심과 정체성을 고취
　　* 관광을 통한 문화교류

(3) **물리적 영향**

　　* 보존과 보전의 공헌
　　* 버려진 것들의 재사용에 기여

2) 부정적 영향

(1) **사회 경제적 영향**

　　* 외부지역으로의 경제누출
　　* 물가상승
　　* 전시효과(사치성 조장)
　　* 외부 의존성 증대(지역고용구조 왜곡 및 외부자본 의존)

* 지역 주택 및 지가(地價)시장의 왜곡
* 여성의 저임금, 파트타임 고용
* 지역경제구조 불안전성(수요의 계절적 변동)

(2) 문화적 영향

* 지역 토착문화의 파괴
* 주민의 사생활 침해

(3) 물리적 영향

* 거주지 파괴
* 환경오염(수질, 혼잡)
* 경관 파괴

6 농촌관광체험 유형

1) 피상적 체험과 실질적 체험

피상적 체험은 체험자가 보고 듣는 작용 그 자체만 기억할 수 있는 체험을 말한다. 즉, 마을에 간 것은 기억하지만, 자세한 내용을 기억하지 못하는 경우 또는 마을 관광체험을 하면서 자신에 유익하지 않을 것에 대해 관심을 갖지 않는 것이 여기에 해당된다.

실질적 체험은 알맹이 체험이라고 하는데, 관광객이 보고 들은 대상의 내용을 기억하거나 필요에 의해 매체를 이용하여 기록, 사진 촬영, 녹음 등을 하여 오래도록 남길 수 있는 체험을 말한다. 이러한 체험이 바람직하나 실제 생활에 필요치 않으면 시간이 지나면서 망각 속으로 사라진다. 체험 당시에 강한 감동을 받았을 때는 더 오랫동안 기억 속에 남아 있지만, 스쳐지나간 것은 금방 잊어버리게 된다.

이러한 체험의 분위기를 오랫동안 기억 속에 넣어두기 위해서는 연출의 개념이 도입되어야 하고, 자원의 의미와 가치를 알 수 있게 해설의 묘미가 필요하다.

● 농촌체험관광해설사

2) 지각적 체험과 몰아적 체험

지각적 체험은 자기 자신을 중심으로 하여 자기의 목적에 부합되는가를 지각하는 가운데 맛보는 체험이다. 마을 관광을 하는 동안 비교를 하면서 먼저 체험한 것과 지금 체험하는 것과 비교를 통해 못하다거나 기대했던 것보다 낫다는 등을 느끼고 분별하는 식의 체험을 말한다.

몰아적 체험은 자신은 어디론가 사라져버리고 대상만이 생생하게 존재하는 가운데서 맛보는 체험이다. 마을의 아름다운 경치를 보고 말문이 막힌다든가, 환희에 차거나 탄성을 연발하면서 꿈같이 지나간 상황이 여기에 해당된다.

바람직한 것은 몰아적 체험이지만, 이것은 기술이 필요하다. 즉, 자신의 총 주의력을 집중할 수 있는 기술이다.

3) 참여와 몰입 여부에 따른 체험

체험은 참여 정도(적극적 참여, 소극적 참여), 몰입 여부(몰입, 흡수)의 두 축을 이용하여 네 가지로 나눌 수 있다.

- **첫째, 엔터테인먼트 체험:** 이 체험은 소극적인 참여와 흡수에 해당된다. 가장 오래되고 가장 발달된, 특히 오늘날

에 가장 흔한 것으로 사람들은 엔터테이너들이다.
- **둘째, 교육체험**: 교육체험은, 참여는 적극적이나 대상체험이 고객에게 침투하는 경우의 체험이다. 참된 정보를 전달하고 지식이나 능력을 향상시켜 주는 교육적 이벤트에는 반드시 정신적 육체적인 적극적 참여가 필요하다. 즉, 재미있게 노는 가운데 배울 수 있게 고안한다.
- **셋째, 현실도피체험**: 참여는 적극적이나 고객이 대상체험에 빨려 들어가는 경우이다. 감자캐기, 딸기따기, 토마토따기 등의 수확체험을 하거나 이벤트에 참여함으로써 각자가 실제로 연기자가 되는 것이다.
- **넷째, 미적체험**: 소극적인 참여나 대상에 몰입되는 경우의 체험이다. 대상에 빠져들지만, 환경에 아무런 영향도 미치지 않는다. 즉, 허수아비가 서 있는 가을들판에 바람결이 스쳐지나가는 광경을 보고 넋을 잃고 있는 상태가 여기에 해당된다.

● 농촌체험관광해설사 ●

7 농촌관광 추진 방향

　도시민이 농촌의 문화, 자연경관과 생태, 조용함과 따뜻함을 느끼고 농촌의 가정에서 숙박하면서 농촌생활을 체험하고 주민들과 교류하며 여가활동을 즐기는 것은 '환경 친화적 체험관광'이라는 의미를 갖고 접근한다. 농촌관광은 세 가지의 목적, 즉 농촌주민의 삶의 질 증대, 농촌 환경의 보전, 방문객 만족 등을 균형 있게 달성해야 한다. 농촌관광은 단순한 숙박시설의 제공, 식당을 운영하는 것이 아니라 농촌의 농산물 생산 및 판매, 휴식이 가능한 일종의 종합상품을 개발하는 것이다.

　농촌에서 자연, 문화, 사람들 간 교류를 통한 농촌관광은 농촌지역 활성화의 새로운 가능성을 제시한다. 농촌관광은 지역자원을 최대한 활용함으로써 마음의 접촉, 사람 간의 교류를 중시하는 개발에 지역주민이 주체적으로 참여하여 '사람과 지역이 공생하는 농촌'을 지향하는 것이다. 주민이 주체가 되어 소규모 투자라도 다양한 파급 효과를 거둘 수 있기 때문에 지속적인 농촌개발을 촉발하고 유지하는 농촌 활력 증진수단으로써 그 역할을 기대한다.

8. 활성화 방안

 농촌관광사업이 지속적으로 유지되기 위해서는 효율적 지원이 필요하다. 농촌을 도시민이 찾아오고, 보고, 쉬고, 체험하고, 즐기고, 구입하는 활력이 넘칠 수 있는 복합공간으로 재구성하기 위하여 다양한 대책을 수립하여 추진하여야 한다.

1) 농촌주민의 참여확대와 교육

 주민들은 자신의 마을 정체성에 맞는 관광 상품과 체험 프로그램을 개발하고, 관광객은 지역 고유의 상품과 체험 편익을 얻고 싶으면 해당 마을을 찾는다. 관광객의 재방문율을 높이기 위해 마을 주민들이 자발적으로 관광마을 조성 및 운영에 참여하도록 함으로써 마을자원 개발 및 관광 상품화에 애정과 책임을 다할 수 있도록 주민주도형 지원 시스템을 개발해야 한다.

 농촌관광을 도입함에 있어서 가장 중요한 것은 지역주민의 참여 문제이다. 농촌관광에 대한 이해가 부족하고, 사업을 성공적으로 이끌어갈 수 있는 지도자, 지도자를 도와 사업을

●농촌체험관광해설사●

추진할 인력의 부족 등이다. 이를 해결하기 위한 방법으로는 도농교류센타, 농업전문학교, 농업기술자협회 등이 나서서 마을지도자 양성 교육기관으로 활용하여 마을기획, 운영, 주민 참여방법 등의 농촌관광 교육을 실시하여야 한다. 또한 농촌관광 전문가의 컨설팅을 통해 농촌관광마을을 체계적으로 가꾸고, 마을지도자의 역할을 보좌할 마을 사무장 제도를 도입 운영하며, 마을주민들을 대상으로 한 프로그램을 지속적으로 운영하여 주민의 서비스마인드, 안전 및 위생관리, 체험프로그램 운영 등에 대한 교육이 이루어져야 한다.

2) 적절한 시설 및 도농교류 활동 도입

농촌관광은 마을여건에 따라 자원의 적절히 활용하여 관광자원화하는 방안이 무엇보다 중요하다. 수요자 기호에 맞춘 전원주거단지, 체류형 주말농장, 은퇴농장 등 새로운 전원주거단지조성사업 추진이 필요하다.

3) 효과적 마케팅

훌륭한 농촌관광 여건을 조성되었어도 농촌체험관광에 대

한 인지도가 낮은 수준이라면 도시민의 농촌교류 촉진을 위해 계층 간의 특성을 고려한 다양하고 차별화된 형태의 마케팅 전개가 필요하다. 다양한 매체를 통해 홍보를 실시하고 사이버상의 도농교류 공간을 활성화시킬 계획이 필요하다.

4) 개성 있는 프로그램 개발 필요

농촌체험프로그램을 운영함에 따라 여러 마을을 다닐 필요를 느끼지 않을 수 있으므로, 관광객이 농촌 마을에서 얻을 수 있는 편익을 다양화하고, 체험의 질을 높여야 한다. 즉, 관광객에게 새로운 경험을 제공하여 여러 지역의 다양한 농촌체험마을을 방문할 수 있도록 마을이 가진 자원을 활용한 차별화된 체험프로그램 개발이 필요하나.

5) 관광객의 요구에 부합한 콘텐츠 개발 필요

현재 운영되고 있는 농촌체험프로그램은 농업인의 관점에서 개발한 것이 대부분이다. 물론 농촌 주민 가운데 농업인의 비율이 높아 이들의 생업인 농업과 관련성이 높으며 운영 및 관리가 용이한 장점이 있긴 하나, 대부분 농작물 수확이

●농촌체험관광해설사●

나 농산물 가공 등의 체험 프로그램이다.

즉 도시민 관광객들은 휴식 및 휴양, 새로운 경험을 위해 농촌 마을을 방문하는데, 이러한 수요자의 요구에 부합한 체험 프로그램을 운영하고 있는 농촌 마을은 드물다. 관광객의 요구가 다변화되고 있으며 농촌주민 역시 다원화되고 있으므로, 수요자의 요구에 부합한 전문성 있는 관광상품을 개발하는데 노력을 기울여야 한다.

제3장
농촌관광지원

● 농촌체험관광해설사 ●

1 농촌관광지원

　농촌은 마을이 갖고 있는 자원을 활용하여 체험관광사업을 추진하는 공간이다. 즉, 농촌관광마을의 자원은 농촌지역의 정체성을 반영하는 요소들로 도시민에게 농촌관광 동기를 부여하는 유형·무형의 소재라고 할 수 있다. 즉 농촌관광마을의 구성요소인 농촌 마을 자원은 농촌 특유의 환경과 마을 공동체적 요소를 총칭하는 것으로써 도시민 관광객에게 휴양적, 심미적 가치를 제공하며 마을주민에게는 경제적 가치를 창출하는 중요한 자원이다.

　농촌자원은 크게 자연자원, 문화자원, 사회자원으로 분류할 수 있다. 세부적으로는 자연환경은 환경자원과 자연자원으로, 문화자원은 역사문화자원과 경관자원으로, 사회자원은 시설자원, 경제자원, 공동체 활동자원으로 분류된다. 농촌관광지로써 농촌관광마을이 경쟁력을 확보하기 위해서는 각 마을이 가진 농촌자원을 파악하여 자원의 유형을 고려하여 차별화된 관광상품 및 서비스를 개발 및 제공해야 한다.

　또한 농촌관광마을을 조성하는 과정에서 마을이 기존에 가

지고 있던 자원을 활용하는 경우도 있지만, 새로운 자원을 투입하여 농촌관광마을을 조성하는 경우도 있다.

2 농촌관광자원의 분류

1) 자연자원

(1) **환경자원**: 대기질(깨끗한 공기), 수질(맑은 물), 소음 없는 환경.

(2) **자연자원**: 비옥한 토양, 미기후(눈, 안개 등), 지형(특이지형, 숲길, 등산로 등), 동물(천연기념물 보호 및 희귀동물 보호 등), 수자원(하천, 저수지, 지하수 등), 식생(보호수, 노거수, 마을 숲 등), 습지 혹은 생물서식지.

2) 문화자원

(1) **역사문화자원**: 지정 전통건조물(문화재, 사적 등), 비지정

● 농촌체험관광해설사 ●

전통건조물(정자, 사당, 제각, 향교 등), 신앙공간(성황당, 돌무덤, 당나무 등), 전통주택(기와, 너와, 돌기와, 초가 등), 전통적인 마을 안길(돌담, 흙담 등), 마을 상징물(마을 안내석, 솟대, 장승 등), 유명 인물(역사적 인물, 시조 등), 풍수지리나 전설(마을 유래, 전설 등).

(2) **경관자원**: 농업 경관(계단식 논, 마을평야, 밭, 과수원 등), 하천 경관(갈대, 하천의 흐름, 하천변 수림 등), 산림 경관(산세, 배후 구릉지 등), 주거지 경관(건축미, 주거지 스카이라인 등).

3) 사회자원

(1) **시설자원**: 공동생활시설(마을회관, 노인정, 마을마당, 어린이놀이터 등), 기반시설(방범등, 상수도, 하수도, 공동주차장 등), 공공편익시설(구판장, 슈퍼, 보건소, 학교 등), 환경관리시설(오폐수정화시설, 소각장, 공동퇴비장 등), 정보기반시설(인터넷, 컴퓨터네트워크, 마을홈페이지 등), 농업시설(공동창고, 공동작업장, 집하장, 관정, 농로, 농배수로 등).

(2) **경제자원**: 도농교류활동(관광농원, 휴양단지, 민박 등), 특산물생산(유기작물, 수공예품, 도자기 등), 특용작물생산(특용작물, 임업작물 등).

(3) **공동체 활동자원**: 생활공동체활동(관혼상제부조, 경로잔치, 친목계 등), 농업공동체활동(품앗이, 작목반, 판매유통조직 등), 씨족행사(성묘, 제사 등), 마을 문화 활동(공연, 축제, 전시회 등), 마을 놀이(명절놀이, 생산놀이, 주민단체관광 등), 마을 관리 및 홍보 활동(마을 정비, 마을 청소, 쓰레기 분리수거, 마을 홍보 안내활동 등).

● 농촌체험관광해설사

MEMO

제4장
농촌관광체험

● 농촌체험관광해설사 ●

1 농촌체험프로그램

1) 농촌체험프로그램이란?

체험이란 '참여한다', 즉 '몸소 경험함 또는 그 경험'을 의미하며, '실제로 보고 듣고 겪는 일, 또는 그 과정에서 얻는 지식이나 기능'을 총체적으로 가리키는 용어이다. 체험은 '동기 → 경험 → 결과'라는 일련의 과정을 통해 이루어지며, 특히 관광체험은 현장에서의 경험뿐만 아니라 사전, 사후 활동까지 포함하며 눈에 보이고, 오감으로 느껴지는 모든 것이 체험의 대상이 된다.

체험프로그램이란, 참여자 스스로 자신의 움직임을 통해 해당 활동 또는 행사의 취지를 이해하고 진행자의 의도를 따라가는 시간대별 진행계획을 말한다. 농촌체험관광은 참여자가 농촌을 직접 방문하여 각종 자원을 활용하고 소비하는 것으로써 직접 보고, 느끼고, 만들어 볼 수 있도록 한다는 측면에서 그 자체가 하나의 체험이다. 농촌체험프로그램은 이러한 농촌체험 활동이 일어나도록 계획된 진행계획을 말한다.

농촌체험프로그램은 단순히 체험 그 자체에 머무는 것이

아니라 민박, 씨앗 파종, 농산물 수확, 농산물 판매, 식음, 체험, 휴양 등과 연계하여 효과를 높여야 한다. 민박도 단순한 민박이 아니라 체험프로그램이 덧붙여질 때 가치를 발휘하며, 지역특성에 맞는 독특한 체험프로그램은 이용객들에게 잊히지 않는 추억을 만들어 재방문을 유도하는 효과가 있다.

2) 체험프로그램의 유형 구분

프로그램 유형은 주제, 계절, 방문형태, 규모, 운영주체, 지역특성, 체류시간별로 다양하게 분류할 수 있다. 주제 및 활동별로 아래와 같이 분류할 수 있으며, 각 지역여건에 따라 적합한 프로그램을 채택 또는 응용한다.

〈농촌체험 프로그램 유형〉

프로그램	유형	내 용
• 문화체험	농업	파종, 관리, 동물, 수확
• 만들기체험	농촌생활	전통문화, 농가생활
	공예	식물공예, 직물공예, 기타공예
• 자연체험	요리	향토요리, 일반요리
	생태학습	관찰, 채집, 감상
• 모험체험	레포츠	육상레포츠, 수상레포츠
	건강	미용, 치료, 수련

● 농촌체험관광해설사

② 농촌체험프로그램의 개발

1) 체험프로그램 개발 시 고려할 요소

(1) 지역특성을 활용한 프로그램

논이 많은 지역은 모내기나 벼베기 체험, 과수원마을에서는 붓으로 하는 수분이나 과일따기를 주제로 개발해야 한다. 해당 지역에서만 할 수 있는 차별화된 프로그램의 주제 선정과 내용의 기획이 중요하다. 농업체험, 생태체험의 경우 체험의 소재가 되는 농작물과 동식물의 생육시기를 고려하여 프로그램을 계획한다. 장소성(Sense of Place), 즉 왜 이곳에서 이런 프로그램을 해야 하는지 풍토나 전설, 역사, 산업 등을 덧붙여 설명할 수 있어야 한다.

(2) 왜 체험프로그램에 참여하는지를 이행

프로그램을 체험하는 참여자들의 심리적, 행태적 체험요인을 이해할 필요가 있다. 일반적으로 참여자의 체험요인은 일탈감, 지적체험, 대인교류, 자연친화, 모험, 이색체험, 창의적 체험 등이 있으며, 체험프로그램을 통해 이러한 체험욕구를

충족시키려고 한다. 왜 참여자는 농촌관광프로그램에 참여하고자 하는가를 이해할 필요가 있다. 농촌관광을 경험한 도시민들을 대상으로 조사한 결과를 보면 '색다른 경험과 재미를 찾아서', '자녀교육', '농촌에 대한 향수', '신선한 농산물 구입', '휴식과 휴가'를 위해 체험프로그램에 참여한다.

(3) 농촌체험은 경험에서 얻어지는 학습

농촌 경험이 없는 도시민들은 자신과 다른 환경의 생활을 동경하고, 농촌체험의 이유도 이러한 농촌 경험이 없는 도시민들이 동경하는 바를 충족시키는데 있다. 농업체험에 능숙하지는 않지만 잠시나마 농촌 활동에 참여함으로써 농민이 된 기분을 느끼고 조금이라도 배우고 싶은 것이 도시민들의 생각이다. 따라서 체험프로그램은 그 일을 계속해서 농가의 일손을 덜어준다는 생각보다는 하나의 경험이며 학습이고 한때의 체험으로 생각하고 운영해야 한다.

(4) 현실감을 접할 수 있는 체험

주어진 과일 한 바구니를 따는 것, 딴 과일을 일정한 가격을 지불하고 가져가는 것으로 과일 수확 체험을 했다고 할

수 없다. 과일을 딸 수 있다는 것은 성장의 과정과 기른다는 과정이 중요하다. 그렇다고 시비나 가지치기, 선과 등의 작업 전부를 체험할 수는 없지만 농업의 본질적인 부분을 경험하고 배우는 체험메뉴가 필요하다. 따라서 대충 시간을 때울 수 있고 주어진 양의 과일 따는 것만이 아닌 진짜 체험, 본질을 접할 수 있는 체험이 필요하다.

(5) 자연의 생태 접근법을 체험

체험프로그램에서 진행하는 많은 농촌지역에서 들에 나가 나물캐기, 냇가에서 물고기 잡기, 다슬기 줍기, 잠자리채 들고 잠자리 잡기 등의 행사를 진행하고 있으나 체험 자체는 재미있고 흥미롭지만 자연생태계를 훼손할 수 있다.

참여자 중에 농촌과 쉽게 접할 수 없는 도시민들의 환경의식이 예전과 달리 매우 높아져 자연체험을 통해 자연을 대하는 법을 알고자 함으로써 자연의 소중함을 느끼도록 하지 않으면 오히려 체험프로그램에 대한 반감을 살 수도 있다. 무엇보다 자연을 지키는 일, 가꾸는 일을 함께 배우는 과정으로 생각하도록 한다. 예를 들어 체험프로그램의 한 소재로 시작되는 냇가에서 반도로 피라미 잡기, 개구리 잡

기 등은 잡는 행위 그 자체는 재미를 강조할 수 있지만 물에서 살고 있는 작은 피라미와 개구리의 생태의 특징과 서식환경을 설명해 주는 것이 더욱 효과적인 체험이 된다.

(6) 참가자의 눈높이 고려

어떤 계층, 연령, 지식 또는 경험을 가진 사람들을 대상으로 할 것인가에 따라 내용과 설명할 수준, 체험시간이 달라진다. 가능하다면 비슷한 참가자 층을 설정함으로써 참가자의 만족도를 향상시키도록 한다.

2) 프로그램 개발과정

농촌체험프로그램은 일반 대중관광과는 달리 농촌과 농업에 대해 향수와 체험욕구를 가진 새로운 틈새시장을 대상으로 하므로 이용계층, 연령층, 방문목적 등 시장의 수요를 파악한 후 프로그램을 기획한다. 단순히 프로그램 자체의 성공적인 기획과 운영도 중요하지만 마을 또는 농가의 이미지 향상, 소득증대, 재방문객 확보 등 다양한 목표와 체험프로그램을 연계하도록 한다.

(1) 체험프로그램의 개발과정

자원조사 및 평가(자원의 잠재적, 인적 구성, 시장여건 평가) → 개발 방향의 설정(테마의 설정, 개발전략의 설정) → 아이디어 탐색(유사사례 연구, 전문가 자문, 브레인스토밍) → 아이디어 평가(목표시장 적합성, 경쟁력 평가, 가격 결정) → 사업성 평가(고객 니즈와 수요 예측, 경비와 매출액 산정, 기대 수익의 산정) → 프로그램 기획(코스, 시간, 인원, 진행시기, 홍보방법 결정) → 현장 확인(최종 확인 답사, 장비 및 시설 점검, 추가 보완사항) → 마케팅, 프로모션(참가자 모집, 광고, 홍보, 기타 프로모션) → 프로그램 실행(프로그램 진행, 만족도 극대화, 참가자 반응 확인) → 평가 및 개선(참가자 불만사항, 개선사항, 피드백)

가. 자원조사 및 평가

① 다른 마을과 차별화되는 독특한 매력과 자원을 찾아내고 체험소재로 활용
② 마을자원 분석 시 주민들에게는 특별한 것이 아닐지라도 도시민들에게는 매우 특별한 것으로 느껴지는 것을 찾고 체험프로그램의 아이디어로 연결

③ 마을 내 인적구성과 경험, 노하우 등 능력을 발굴하는 것도 중요한 과제
④ 시장여건의 개략적인 평가
⑤ 농촌주민들에게는 일상적인 일, 당연한 일이라도 도시민들에게는 신선한 충격, 기쁨이 되고, 배움으로 이어지는 것임.

나. 개발 방향 설정

① 수집된 자료를 특성에 맞게 분류하고 분류된 기준에 의한 공통점을 발견
② 분류된 자료의 특성을 분석하여 문제점과 가능성으로 구분
③ 자원조사 결과를 바탕으로 테마 및 개발전략의 설정

다. 참신한 아이디어 탐색

① 국내외 유사한 사례를 연구하여 마을 내 각 소재와 연관시키면서 아이디어를 이끌어 내며, 외부 전문가로부터 자문을 받거나 자유로운 발언을 통해(Brainstorming) 아이디어 발굴
② 거창한 것보다는 마을 주변에서 쉽게 접근할 수 있

고, 주민들에게 친숙한 일상생활에서 아이디어를 얻는 것이 주민들 스스로 가장 잘할 수 있으며, 타 지역과 차별화할 수 있는 방법

③ 결합요소를 분리: 프로그램의 특화를 위해 나열식 행사를 과감히 정리함.

④ 분리요소를 결합: 프로그램을 특화시킬 요소를 강화함으로써 시너지효과를 통해 또 다른 프로그램을 만들어 낼 수 있음.

라. 아이디어 평가

① 본 연구에서 제시한 프로그램 메뉴, 주변 마을의 프로그램 운영사례를 참고하여 계절, 주제, 방문형태, 운영주체별로 해당 농가 또는 마을의 여건에 적합한 프로그램 선택

② 아이디어를 구상했다면 표적시장에 적합한지, 과연 주변마을, 농가들과 경쟁력은 있는지를 감안하여 평가

③ 원가를 고려하여 가격수준을 결정

마. 사업성 평가

① 체험프로그램에 참여하는 고객의 요구, 관심분야를 고

　려하고 몇 명이나 유치할 수 있을 것인지 수요 예측

　② 경비 및 매출액을 산정하고 기대수익의 예측

바. 프로그램 기획

　① 프로그램의 개발과정에 따라 프로그램 기획(행사매뉴얼 작성)

　② 계절, 주제, 방문형태, 운영주체, 지역특성, 체류시간별로 테마를 설정

　③ 주제, 운영시간, 장소, 필요장비, 일정, 가이드 여부, 난이도, 이용요금 명시

　④ 운영자(주민)의 특성, 이용자의 특성을 고려, 참가자의 개성, 성향, 경험 유무가 중요한 변수

　⑤ 난순히 체험프로그램으로 끝나는 것이 아니라 마을 홍보, 농산물 판매와 지속적인 교류로 연계하는 것이 중요

사. 현장 확인

　① 프로그램 참여자, 진행자의 입장에서 현장을 면밀히 답사하고 현장의 상태, 필요한 장비 및 시설을 점검하고 추가 보완사항을 확인

② 진행에 참여하는 주민들의 역할 분담 및 주의사항 교육, 적정 규모의 인원배치, 프로그램기획자(진행자), 보조진행자, 전문분야 진행자, 도우미 등(진행자, 지도자, 안내자, 지원자)

아. 마케팅 및 프로모션

① 생협, 농협, 노동조합, 공제회, 봉사단체, 친목회, 동창회 등 단체와 연계하는 한편, 복리후생 차원에서 임직원들에게 여가활동을 추천하거나 권장하는 민간기업, 체험학습, 수학여행을 추진하는 학교와 연계

② 지역적 유사성, 역사적 정서적 친근감, 특산품의 대량소비지, 출신인사가 주요 직책에 있는 도시와 고향만들기 추진

③ 도시 내 각종 커뮤니티 즉, 노인회, 부녀회, 취미서클, 봉사단체 각종 네트워크와 연계

④ 특정 분야의 동호인, 팬클럽 등 이른바 마니아(mania)층과 연계

⑤ TV, 신문, 잡지, 인터넷, 테마여행사, 오피니언 리더 초청, 팸 투어

⑥ 홍보시 행사주체, 실시일, 참가요금, 신청방법, 연락

처를 포함하도록 하며, 별도의 홍보 모형 준비(홍보문건, 소개문, 사진, 팸플릿, 전단, 게재자료)

⑦ 도시민의 흥미와 관심을 불러일으켜 회원으로 가입시키고 정기적인 뉴스레터 발송 등 지속적인 고객관리

⑧ 단위 프로그램별로 안내 팸플릿을 제공, 프로그램에 관한 내용과 정보는 알기 쉽게 표기

⑨ 가이드북이나 가이드맵에서 지켜야 할 규칙, 매너를 이해하기 쉽게 효과적으로 전달되도록 주지

자. 프로그램 실행

① 주진행자의 확인사항: 현장상황 숙지, 참가자 동기유발, 자신감, 질문과 관심의 유도

② 교통편과 등록시스템: 수자안내, 안내표, 명찰, 숙소배정표

③ 프로그램 실시 포인트: 오리엔테이션, 메인프로그램, 선택프로그램, 자유시간

④ 지역안내지도, 안내 팸플릿, 식당 및 관광지 정보 제공

⑤ 지역주민들이 직접 참여하여 주도적으로 프로그램을 진행하도록 하고 이러한 과정을 통하여 능력 학습, 자신감 부여

차. 평가 및 개선

① 참가자 관리: 제작물, 사진, 감사의 편지 우송
② 대상지역에 따라 동일한 프로그램도 다른 방식으로 적용할 수 있으며 특이사항을 기록하여 향후 개선자료로 활용
③ 개발된 프로그램을 적용하고 그 결과를 모니터링하여 참가자 불만사항 및 개선 사항을 도출
④ 프로그램 참여자, 운영자로부터 인터뷰, 설문조사를 실시하여 문제점을 면밀히 분석
⑤ 최초 프로그램의 기획단계로 피드백하여 새로운 시각으로 재구성하고 지속적으로 다양한 상황을 연출하여 시뮬레이션화

(2) 프로그램 기획 5단계

가. 준비단계 - 농촌관광을 위한 여건분석, 목적, 프로그램을 결정

① 계절, 농업작황, 마을상황, 시장 환경 등 여건분석
② 프로그램의 개최목적을 명확히 함(홍보인가, 판매인

　　가 등)

　③ 이벤트 전체의 이미지를 상징하는 테마 결정

나. 기본 계획단계 - 세부계획 수립을 위한 구상

　① 메인타이틀 및 내용 결정

　② 마을 내 인력동원 대책 수립

　③ 실시 장소와 규모 및 시기 결정

　④ 홍보 및 고지방법 결정(홍보계획)

　⑤ 예산수립 및 운영 매뉴얼 제작

다. 실행 계획단계 - 구체적인 시간계획 및 홍보계획 작성

　① 세부 시간계획수립 및 홍보대상 결정

　② 행사장 구성, 연출

　③ 홍보매체의 선택 및 활용방법

　④ 세부 예산계획 수립

　⑤ 마을 내 인력배치와 사전 교육

라. 실시·통제단계 - 운영 매뉴얼에 맞추어 진행

　① 운영 매뉴얼 및 진행포인트 체크

　② 참가인원 및 예정 도착시간 파악

　③ 시간계획 재확인

④ 사전 리허설 및 마을 내 준비인력 사전회의

마. 평가사후관리단계 - 주민평가회의 개최

① 평가회의 개최(고객평가 및 주민평가 실시)

② 감사편지(이메일) 발송 등 사후 고객관리

 ## 어머니 똬리 만들기 체험

→ 한국능력교육개발원 농촌체험팀에서 기획, 적용한【어머니 똬리 만들기】사례를 소개한다.

첫째, 준비단계 : 농촌체험의 소재를 찾아내는 단계
① 여건분석 : 겨울철 농촌에서 무엇을 체험할 수 있을까? 옛날 우리 어머니들은 물을 길어 나르면서 머리를 아프지 않게 하기 위해 똬리를 머리에 얹고 물동이를 이고 나르셨으니 이것을 체험프로그램으로 만들자
② 목적 : 똬리 만들기 체험은 농산물 홍보와 체험을 통한 농외소득 향상
③ 프로그램 : 똬리 만들기와 더불어 새끼꼬기, 똬리 굴리기, 새끼줄게임을 진행

둘째, 기본계획 수립 단계 : 세부계획 수립을 위한 구상
① 행사명칭 : '어머니 똬리 만들기'
② 진행인력 : 마을주민 10~15명으로 구성하되 참가자 안내, 똬리 만들기 시범, 체험도우미, 식사준비와 배식, 농산물판매 등 각각의 역할 분담
③ 체험장소 : 마을 자연학교 교실을 활용
④ 체험비용 : 체험비, 중식비 결정
⑤ 개최시기 : 12월과 1월에 걸쳐 예약제(인터넷/전화)로 운영

⑥ 홍보와 참가자 모집 : 테마여행 전문 여행사에 체험이벤트 안내자료를 보내 직접 홍보하고 언론사에 보도자료를 보내 가족단위 참가자들의 예약을 유도

셋째, 실행계획 수립 및 홍보단계 : 구체적인 시간계획 수립 및 홍보활동

① 시간계획수립
- 11시 : 마을 도착 및 마을 소개(주민인사) 방명록 작성
- 11시~12시 : 새끼줄게임(사전에 게임장 조성/ 주민이 시범)
- 12시~13시 : 점심식사(만둣국, 메밀전, 막걸리)
- 13시~14시 : 똬리 만들기 체험
- 14시~15시 : 새끼꼬기 체험
- 15시~16시 : 시상식(달구지 타기 체험, 마을농업박물관 견학, 농산물판매)
- 16시 : 환송

② 진행인력 사전회의 및 교육 :
  * 안내교육, 체험재료 준비(새끼줄, 볏짚, 건고추, 숯, 흰 종이, 솔가지 등)
  * 점심 메뉴 결정 예상수입과 비용(인건비 포함) 책정

③ 참가자 유치 :
  * 테마여행 전문여행사에 체험프로그램 자료를 보내거나,
  * 직접 마을로 초청하여 시범적으로 진행.
  * 신문사 또는 잡지사에 체험프로그램 자료를 사진과 함께 보내

기사화 추진

넷째, 체험프로그램 진행단계 : 운영 매뉴얼에 맞추어 체험프로그램을 진행
① 도착 예정시간을 미리 확인하고 준비
② 반드시 방명록(주소, 이메일은 필수)을 작성하여 향후 고객DB로 활용
③ 따리를 잘 만든 참가자에게는 마을에서 수확한 쌀 4kg을 선물로 준비해서 참가자들이 더 적극적으로 참여할 수 있도록 유도
④ 젊은 연인참가자들에게 '달구지 타고 떠나는 신혼여행' 행사 진행

다섯째, 평가, 사후관리단계 : 평가 및 반영
① 주민들이 함께 모여 프로그램 진행 결과에 대한 평가 회의를 개최
② 체험프로그램 손익계산서를 정리하고 수익을 배분
③ 참가자들에게 감사편지(이메일, 카카오톡 등) 발송

●농촌체험관광해설사

3 농촌체험프로그램의 운영

1) 농촌체험프로그램의 운영체계

농촌체험프로그램의 운영은 자기학습식 운영, 농가단독 운영, 소그룹 운영, 마을단위 운영으로 구분할 수 있다. 주민들 스스로 운영에 필요한 지식과 노하우, 경험을 갖추어 나가야 한다.

(1) 자기학습식 운영

일손이 바쁜 농번기나 개별 방문객과 가족단위 방문객의 경우는 진행자(안내자) 없이 스스로 체험을 할 수 있도록 자기학습식 체험프로그램을 개발한다. 체험할 수 있는 분위기와 정보를 조성해 주면 방문자 스스로 자연스럽게 체험할 수 있도록 한다. 프로그램을 소개하는 소책자, 팸플릿이나 마을 안내지도를 제작하여 비치하고, 필요하다면 체험장소에 해설판, 안내표지판을 설치하도록 한다.

(2) 농가단독 운영

농가는 민박 및 체험프로그램을 독자적으로 운영할 수 있는 주체로서 농가 주변에 산재한 각종 농촌의 쾌적성, 아름다운 경관과 미(美), 감(感), 쾌(快), 청(靑) 즉 농가, 농지, 농작물, 주변 환경자원, 음식, 주변 관광자원을 소재로 프로그램을 기획하여 도시민을 유치한다. 가족이나 개인 등 소규모 체험프로그램의 경우 농가 단독으로 진행한다. 소규모의 참여자를 대상으로 보다 친밀감 있고 상세한 진행이 가능하다. 농가에서 생산하는 각종 농산물을 판매하거나 민박과 연계하면 소득증대, 고객관리 측면에서도 효율적이다. 소규모 체험프로그램만 운영할 수 있고 노동력이 많이 드는 단점이 있다. 경우에 따라서는 주변 농가 또는 마을 주민들의 이해와 협력이 필요하다.

(3) 소그룹 운영

작목반이나 팜스테이 참여농가, 부녀회, 노인회에서 체험프로그램을 진행하는 경우가 여기에 속한다. 참여농가의 기술과 능력에 따라 역할을 분담함으로써 노동력을 절감할 수 있으며, 다양한 체험 아이디어를 발굴할 수 있다. 작목반의

●농촌체험관광해설사●

경우 특정 작목을 중심으로 테마를 부여하고 상품화, 판로 개척에 활용할 수 있다. 참가자 모집이 용이하고 다양한 계층의 참여자들에게 적합한 체험프로그램을 개발함으로써 만족을 높일 수 있다. 주의할 점은 참여농가의 협력이 전제되어야 하며 그렇지 않을 경우 불협화음이 나타날 수 있다.

(4) 마을단위 운영

대규모 행사의 경우 전체 마을주민들이 역할을 분담하여 진행하는 경우이다. 부녀회는 식사, 노인회는 농사체험, 청년회는 프로그램의 진행을 담당하는 등 능력에 맞게 역할을 분담하고 마을 전체를 무대로 체험프로그램을 진행한다. 체험프로그램을 조정하고 이끌어갈 리더십(leadership)이 필요하다. 마을전체가 참여하므로 대규모의 행사를 진행할 수 있으며 마을 공동으로 소유한 각종 공간과 시설, 설비, 장비를 활용할 수 있다. 자치단체 및 관련 기관의 농촌관광 또는 농촌체험프로그램 관련 지원을 받기가 용이하며, 관련 사업과 연계하여 체험시설 및 설비를 갖출 수도 있다. 무엇보다 체험프로그램의 운영을 통해 마을 공동체의식을 회복하고 농촌의 전통문화 및 생활문화를 유지 전승하는데 기여할 수

있다. 각자의 능력에 맞게 역할을 분담한다면 소외되는 주민들의 불만을 최소화할 수 있다. 단, 리더십과 수익배분에 대한 원칙이 설정되어야 한다.

2) 체험프로그램 진행준비

  체험프로그램 진행 전에 시설 및 장비점검, 인력점검, 운영점검을 철저히 하여 원활한 프로그램 진행이 되도록 준비한다. 민박 등 사전에 도착한 경우가 아니고 당일 도착하는 경우, 며칠 전 예약이 완료되었다고 해서 가만히 관광객을 기다리는 것은 금물이다. 날씨나 교통상황 등 여러 가지 이유로 출발 여부가 당일에도 변경되는 경우가 많다. 참가자를 모집할 때 사전예약을 받더라도 출발하지 못하는 인원이 생기는 것이 일반적이므로, 특별한 출발사항 등을 사전에 알고 있어야 불필요한 인력과 시간의 낭비를 줄일 수 있다.

(1) 시설 및 장비의 점검
- 프로그램이 진행될 장소와 시설을 점검, 주차장의 준비와 정리

● 농촌체험관광해설사

(2) 진행요원의 준비
- 안내, 행사진행, 지원, 식사, 교통 등 행사진행에 필요한 인력의 역할과 섭외 상황에 대한 점검

(3) 예약 및 리허설
① 행사 전에 예약 상황을 점검하고 행사규모와 소요예산의 최종결정에 대한 점검.
② 도착에서 출발까지의 전 일정에 대한 사전 리허설을 통해 문제점을 사전 파악.

3) 진행 당일 점검사항

진행 당일은 프로그램 진행에 필요한 사항을 점검한다. 출발예정시간을 감안하여 수시로 예약자와 연락을 취하여 진행에 차질이 없도록 해야 하며, 예약 당시에 연락처를 복수로 확보한다. 도착예정시간이 임박하면 마을(농가)로의 유도 및 안내가 있어야 하며 진행요원은 각자 정상위치로 이동한다.

(1) 행사당일 검토사항과 첫 대면
행사에 필요한 예약, 안내, 시간계획, 주차장, 예약상황,

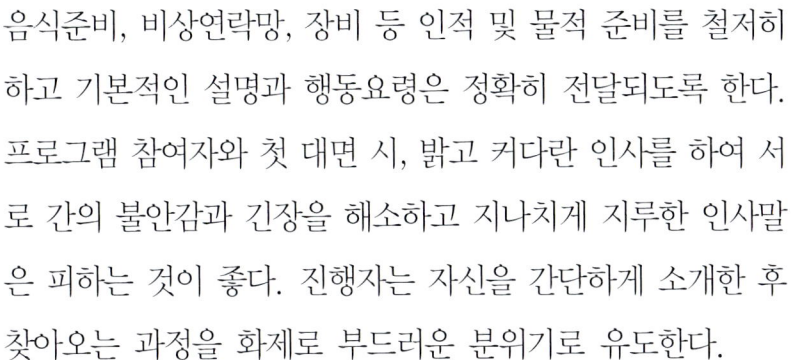

음식준비, 비상연락망, 장비 등 인적 및 물적 준비를 철저히 하고 기본적인 설명과 행동요령은 정확히 전달되도록 한다. 프로그램 참여자와 첫 대면 시, 밝고 커다란 인사를 하여 서로 간의 불안감과 긴장을 해소하고 지나치게 지루한 인사말은 피하는 것이 좋다. 진행자는 자신을 간단하게 소개한 후 찾아오는 과정을 화제로 부드러운 분위기로 유도한다.

(2) 프로그램이 시작되면 집중력 유도

분위기 고조나 참여자들의 집중력을 높이기 위해 '이 시간부터는 무엇을 한다'는 식으로 분명하게 의사를 전달해야 한다. 취지도 간략히 소개하고 참여요령이나 안전에 관한 주의사항을 알려 준다. 재미있고 즐거운 일이라는 것을 머릿속에 심어 주어야 자연스런 참여를 유도할 수 있다.

(3) 진행시 참여자의 만족도 제고

참여자들의 작업이나 행동이 미숙하더라도 안전에 문제가 없다면 지나친 배려는 피하는 것이 바람직하다. 참여자들은 체험을 통해 농촌을 느끼러 온 자발적인 의사를 가진 사람들이므로 스스로 성취감을 느낌으로써 만족도를 높일 수 있

●농촌체험관광해설사●

다. 체험이 끝나면 느낀 점을 공유하는 시간을 갖도록 한다.

(4) 진행자는 리더이자 연출자

　진행자는 행사가 진행되는 상황에서 다음 순서의 진행을 머릿속에 그려 놓고 지금 상황이 끝나면 이어질 관광객들의 동선을 그려 가며 적절한 인력배치와 다음 행사현장 준비를 한다. 체험프로그램을 진행하기 전에 구체적으로 상황을 그려 가면서 적합한 설명과 도구를 어떻게 구사할 것인지, 참가자들의 분위기에 따라 진행속도와 시간을 어떻게 조절할 것인지 적절히 연출하도록 한다.

(5) 돌발상황에 대한 대처

　프로그램을 진행하다 보면 예기치 않은 상황이 발생하기도 한다. 아주 사소한 것부터 중대하다고 생각되는 사안까지 다양하다. 어떤 일이든지 바람직하지 않은 상황이 발생하는 것 자체를 피할 수 없으므로 신속하고 정확한, 성의 있는 사후조치가 중요하다. 시간이 지체되어 진행될 경우 그 이유와 다음 진행에 미칠 영향, 진행 예정사항을 정확히 알려 주어야 하며, 필요한 경우 사과를 하도록 한다.

4) 체험프로그램의 마무리와 평가

프로그램을 종료할 때는 정확히 끝내는 시간을 알려 주어야 참여자들 나름대로 시간계획과 다음 일정으로 준비를 하여 전체적으로 진행에 협조한다. 전체 행사를 마무리하는 말로 행사를 마친 다음 일정을 다시 공지한다. 프로그램이 끝난 후 장비 및 소모품을 정비하고 진행 중 발견된 잘된 점과 미비점을 확인하여 개선사항을 도출한다. 사후평가방법은 다음과 같다.

(1) 평가방법

① **직접인터뷰** : 참여자의 소감을 직접 물어서 조사
② **서베이조사** : 실문지를 배포하어 조사
③ **전화인터뷰** : 전화를 이용하여 필요한 자료를 수집
④ **표적집단인터뷰** : 토론을 통해 참가 소감을 조사
⑤ **관찰조사** : 참여자들의 반응을 관찰함으로써 파악

(2) 사후 평가회 개최

- 참여주민들을 중심으로 사후평가회를 개최하여 행사결과를 공유함.

● 농촌체험관광해설사 ●

(3) 자료집 작성

① 진행기록 및 평가회에서 나온 의견들을 모아 행사별 자료집을 작성
② 기록자료와 사진 및 영상자료 등을 보관하여 향후 활용하도록 함.
③ 마을 홈페이지, 지방 언론사 등에 배포하여 마을의 홍보수단으로 활용

5) 농촌체험프로그램 운영 시 유의할 점

체험 자체의 즐거움이나 감격도 큰 것이지만, 안내하고 지도하는 진행자의 역할이 매우 크다. 진행자의 인격과 개인적인 매력이 체험의 이미지와 분위기를 좌우하므로 욕설이나 반말, 복장에 유의한다. 진행자 스스로 밝고 즐겁게 임하고 참여자 모두를 배려하면서 경험을 공유하는 것이 중요하다. 강제적으로 시키지 말고 반응을 보아 가며 섬세하게 대응하도록 한다.

(1) 기대하지 않은 즐거움을 제공

농촌체험프로그램은 기본적으로 즐거워야 하며, 사람은

누구나 뜻하지 않은 즐거움을 맛보면 감동하게 된다. 기대하지 않은 즐거움을 제공하려면 충분한 준비가 필요하다. 해당 지역이나 체험 장소, 작목 등에 대한 정보는 물론 참여자에 대한 정보를 파악하고 체험프로그램을 머릿속에 그리면서 필요한 장비와 도구를 충분히 준비한다. 체험코스 중에 옹달샘의 샘물을 먹게 된다면 컵을 준비하고, 너도밤나무 숲을 관찰할 경우 청진기를 준비하는 식이다. 사소한 배려가 체험을 보다 즐겁게, 보다 깊이 있게, 보다 추억에 남을 만한 것으로 만들어 줄 수 있다.

진행자도 카메라를 휴대하고 기념이 될 만한 곳에서는 사진을 찍도록 권하거나 셔터를 눌러 주며, 같이 포즈를 취하는 것도 방법이다. 카메라를 가지고 오지 않은 사람도 있기 때문에 스냅사진을 찍어 나중에 보내 주는 것도 좋다.

(2) 참가자들의 연령과 눈높이를 고려

걷는 속도, 프로그램 진행속도 등을 진행자 자신을 기준으로 삼아서는 곤란하며, 참가자들의 눈높이와 보는 위치, 거리에서 진행한다. 어른들도 처음 경험하는 경우가 많고 체력이 농민들과 다르다는 점을 염두에 두고 농작업이나 자연

체험을 진행한다. 프로그램의 주제에 적합한 분위기를 조성하거나 소품, 장비, 복장을 연출함으로써 보다 깊은 인상을 심어 준다.

(3) 여유시간의 확보 및 참가자의 배려

참가자들이 익숙하지 않은 환경에서 낯선 일에 집중하기 힘들기 때문에 여유 있는 진행이 필요하다. 너무 많은 프로그램을 진행하거나 장시간 진행되면 역효과가 일어날 수 있다. 체험 중이나 체험 후에 진행자와 참가자, 참가자끼리 대화를 나눌 수 있는 기회를 주는 것이 좋다.

(4) 인원구성에 따른 진행요령

3~5명의 소규모 그룹일 경우 이름을 불러 주면서 친근감을 표시한다. 개별가족인 경우는 가족 간의 화목한 분위기를 유도하고 특히 어린이들을 배려하면서 진행하면 큰 문제가 없다. 15~30명 단체인 경우 전문 안내원과 지도자가 필요하며 마을주민들 스스로 진행하는 경우라면 충분한 수의 주민들이 진행을 돕도록 한다.

(5) 진행자의 기본자세

　참가자에 대한 배려를 잊지 않고, 참가자의 흥미나 관심에 따라 적절히 대응한다. 농사일 외에도 자연, 지역, 환경에 대한 지식뿐만 아니라 자연에 대한 풍부한 감성이 필요하다. 참가자들에게 가르치려 하지 말고 함께 즐긴다는 자세로 즐기는 법을 알려주는 것이 포인트이다. 일정 정도의 체험 비용을 받은 이상 농민이 아닌 프로진행자가 되어야 한다. 체험 학습의 경우 강제적이고 교육적인 지도보다는 개성 있는 답을 만들어 가는 자세가 필요하다.

(6) 진행자의 대화방법

　경솔한 어투, 유행어, 연속적인 익살, 서반한 어투, 품위 없는 어투는 상대에 대해 전달사항에 차질이 생기거나 오해를 불러일으킬 수 있으며, 전체적으로 좋은 인상을 줄 수 없어 불만의 원인이 되기도 한다. 자연스럽게, 간결하게 말하는데 유의하여 쉽게 이해시키는 것이 중요하며, 사투리는 지역에 대한 친근감을 느끼게 한다. 진행하다 보면 자신이 느끼고 있는 만큼 상대방에게 전달되지 않는 경우가 많다. 어려운 말이나 강요하는 듯한 행동은 피한다. 단순하고 명

● 농촌체험관광해설사 ●

쾌하고 즐겁게, 자신의 지식에 자신을 가지고 임하도록 한다. 우물쭈물하는 자신 없는 태도나 웅얼웅얼하는 말투는 배우는 쪽도 신뢰감을 느끼지 못하고 흥미를 잃게 된다.

(7) 안내·관리의 전문성 확보

전문적인 지식을 갖춘 운영진(staff)에 의해 프로그램이 운영되어야 신뢰감을 주고 만족도를 높일 수 있다. 지역의 지형, 자연, 역사 등에 정통한 지역주민을 스태프로 확보하는 것이 바람직하며, 필요하다면 외부 전문가, 전문해설가를 초빙하도록 한다.

(8) 기상변화에 대응한 대체프로그램 준비

야외에서 이루어지는 농사체험, 생태체험 등은 늘 우천이나 강풍 등 날씨를 사전에 확인하고 대안을 준비한다. 야외활동의 경우 기상악화 시 실내에서 대체할 수 있는 프로그램을 준비하고 함께 모여 강의와 체험을 할 수 있는 장소를 사전에 확보한다.

(9) 안전사고에 대비한 행동요령과 연락체계 구축

안전사고, 재해 등 비상시를 대비한 행동요령을 숙지하는 한편 가까운 119구조대, 소방서, 병원, 경찰서 등과 연락체계를 구축하고 평소에 점검한다. 야외체험 프로그램 진행시 응급조치 요령을 숙지하고 비상약품 등은 휴대한다. 미아발생 시 미아를 보호하고 찾을 수 있는 보호시설 및 방송장비를 갖추도록 한다.

(10) 예상질문에 대해 사전에 준비

참가자들이 여러 가지에 대해 흥미를 가지고 의외의 질문을 할 때도 있으므로 살고 있는 지역이라도 주민들도 잘 모르는 것이 있으므로 사전에 준비한다. 시역(마을)의 현황, 인구, 역사, 자연환경, 사람들에 대한 정보, 주변 관광지나 음식점 정보는 물론 작목, 들풀이름도 알아 둔다. 평소에 뉴스에서부터 일기예보까지 신경을 써서 고객들의 요구에 대응할 수 있도록 평소에 노력해야 한다. 모르거나 정확하지 않으면 솔직하게 대답하도록 한다.

• 농촌체험관광해설사 •

[농촌체험프로그램 요령]

1. 손님맞이 요령

① 웃어야 한다 :

* 손님은 체험프로그램을 통해 감동받고 싶어한다.
* 무뚝뚝한 농민의 얼굴은 이제 그만.
* 외할머니의 모습, 큰아버지의 모습으로 참가자를 맞이 해야 한다.

② 먼저 말을 건네고 인사하자 :

* 주인보다 손님이 먼저 인사하는 법은 없다.
* 대화의 시작은 주인(농민)이 터야 하며, 누구든 만나면 인사하자.
* 만남은 순간이나 인연은 영원하다.

2. 프로그램 진행요령

① 주민은 탤런트가 되어야 한다 :

* 참가자들은 주민들의 말 한마디, 동작 하나하나를 지켜 보고 배운다.
* 구수한 사투리, 어설픈 농담 하나에 참가자들은 농민들

에게 친근한 정을 느낀다.
* 안내 또는 설명(해설)은 항상 크고, 자신 있게 이야기한다.

② 농민이 박사다 :

* 참가자(도시민)들에게는 작은 것 하나도 신기하다.
* 농사짓는 데는 농민이 박사다.
* 대충이 아니라 꼼꼼하게 설명해 주어야 한다.
* 참가자들의 눈에 비친 신기함을 주민들이 해결해 주어야 한다.
* 어린이는 어린이에 맞게, 어른은 어른에 맞게 설명(해설)해야 한다.

3. 식사준비 요령

• 한끼의 식사에도 의미를 부여하자 :

* '점심식사', '중식'이란 표현보다 '시골밥상', '산나물뷔페', '새참' 등 의미를 부여한다.
* '시골밥상'이란 메뉴가 있듯이 참가자들은 시골음식에 대한 향수가 있다.

4. 농산물 판매 요령

① 우리 마을 농산물 차별화 강조하기 :

* '우리 마을 것이 최고다'보다 '우리 마을에만 있다'라고 홍보
* 큰 목소리로 손님을 불러들여라, 장터 분위기를 연출해야 한다.

② 교차판매를 하자 :

* 쌀과 잡곡을 함께 판매(배추와 고춧가루 등)

5. 손님 배웅 요령

* 보이지 않을 때까지 손을 흔들어라.
* 이름을 기억하고, 연락처(고객 데이터)를 파악하라.
* 기억에 남을 만한 작은 선물을 준비하라(찐 감자 2알, 삶은 옥수수 1개 등).

 예) 농촌숲속체험 프로그램

숲에서 놀자

1. 프로그램명 : 숲에서 놀자
2. 대상 : 유치원 5~7세
3. 목표 : 자연 속 생명체와 만남을 통해 체험과 놀이의 교육적 의미인 사회성, 지적, 정서, 창의성 발달을 돕고 자연의 소중함을 알게 하고 자연과 조화로운 삶을 배우게 함
4. 시간 : 90여 분
5. 활동장소 : 마을 숲속(숲속교실, 숲 탐방로)
6. 인원 : 30명
7. 단계 : 도입(10분) → 전개(50분) → 마무리(30분)

 1) 도입(10분) :

   ① 인사 나누기

   ② 일정 소개 및 주의사항

   ③ 나무를 이용한 체조로 몸풀기

 2) 전개(50분) :

   ① 숲 산책

     * 숲으로 들어가기 전 숲속 가족에게 동의를 구한다.
     (숲을 방문하면서 숲에 대한 경외감과 예의표현)
     * 숲속 친구들을 루페로 관찰하면서 숲 산책을 한다.

113

② 자연놀이 오감체험
* 봄
  ① 쑥 등 허브식물을 채취해 보고 향기 맡아보기
  ② 민들레 씨앗 날려 보내기, 민들레 꽃대 피리 만들기
  ③ 아카시꽃 꿀 먹기(벌, 나비 체험)
  ④ 버들피리 만들어 불어보기
  ⑤ 새집을 찾아 관찰하고 새집 만들어 보기
  ⑥ 놀이기구 체험(징검다리, 나무그네, 그물타기)
* 여름
  ① 나뭇잎 짝 맞추기
  ② 손톱에 봉숭아 물들이기
  ③ 모래장놀이, 두꺼비집 짓기, 모레에 그림그리기 등
  ④ 풀잎 끊기 놀이
  ⑤ 놀이기구 체험(징검다리, 나무그네, 그물타기)
* 가을
  ① 씨앗, 열매 채취하여 관찰놀이(솔방울 쌓기, 도토리 구슬치기)
  ② 나뭇가지 세워보기
  ③ 바람개비 놀이
  ④ 나뭇잎배 만들어 띄우기
  ⑤ 애벌레 관찰 체험

3) 마무리(30분) :

자연놀이와 체험을 통해 각자 느낀 점을 이야기하게 하고 자연의 고마움과 소중함을 이야기하면서 마무리한다.

 **예) 농촌숲속체험 프로그램**

숲으로 가자

1. 프로그램명 : 숲으로 가자
2. 대상 : 초등학교, 중학생
3. 목표 : 자연과 접하면서 자연의 소중함을 알아 가고 자연과 조화로운 삶을 배우게 함과 나아가서 지구가 건강해지기를 바람.
4. 시간 : 90여 분
5. 활동장소 : 용봉산 자연휴양림(숲속교실, 숲 탐방로)
6. 인원 : 20명
7. 단계 : 도입(10분) → 전개(50분) → 마무리(30분)
  1) 도입 :
    ① 인사나누기
    ② 일정 소개 및 주의사항
    ③ 나무를 이용한 체조로 몸풀기

2) 전개 :
   ① 숲 산책
      * 숲을 이루는 나무와 숲속 가족인 풀, 곤충, 동물 등의 소중함과 나무의 생태 등을 관찰하고 이야기하면서 숲 산책을 한다.
   ② 나무와 교감
      * 자연과 하나되고 소통이 이루어지는 경험, 나의 날숨과 나무의 들숨, 나무의 날숨과 나의 들숨으로 상호 의존적 존재임을 알린다.
      * 숲에서 나오는 산소를 호흡을 통해 느껴 본다.
   ③ 관계형성 놀이
      * 서로 손을 잡고 둥글게 모인다.
      * 옆 친구의 장점을 찾아 서로 칭찬을 해 준다.
   ④ 자연이름 갖기
      * 둥글게 모인 상태에서 자신에게 어울리는 이름을 지어 발표한다.
      * 각자 지어진 자연이름의 주인공(예: 토끼, 민들레, 바람 등)이 되어 생태 그룹놀이(먹이사슬)를 한다.
      * 생태계의 흐름을 쉽게 이해하고 각자의 위치와 중요성을 일깨우는 계기가 될 수 있다.

3) 마무리
   ① 자연에 대한 감사의 편지 쓰기.

② 체험 후 각자의 느낌을 적어 발표한다.
③ 참여자들의 여러 생각을 공유하여 교육의 효과를 높인다.

【전남 농촌체험관광 – 해남 김치마을(동해마을)】

1. **위치** : 해남군 북평면 동해길 97

2. **운영실적** : 체험인원 (　)명, 사업소득 (　　)원

3. **교육프로그램** : 마을소개, 물놀이체험, 김치체험(다문화가정 김치담그기, 사랑의 김치하트 만들기, 김치 3합 맛보기, 김장투어관광객 김장담그기), 갯벌체험(한줌 조개캐기, 갯벌 머드팩 체험, 갯벌 가로지른 다리체험(생태문화 기행), 해산물 시골 밥상체험(민박체험시)

● 농촌체험관광해설사

【대신마을 농촌체험】

1. **위치** : 강원도 횡성군 서원면 옥계1리 대신마을

2. **체험프로그램 개요**

    ① **프로그램명** : 농촌체험활동

    ② **체험가능시기** : 계절별/연중체험프로그램 운영

    ③ **체험내용** : 농업, 농촌체험활동

    ④ **소요시간** : 1~2일

    ⑤ **체험인원** : 최대 100명, 최소 5명

    ⑥ **체험준비물** : 마을 농사에서 준비

    ⑦ **참여방법** : 전화/인터넷 상담 후 예약

    ⑧ **1인당 참여비용** : 1~3만 원

3. **교육프로그램** :

    ① **봄체험프로그램** : 산나물 채취, 감자심기, 고구마심기, 모내기, 옥수수 심기

    ② **여름체험프로그램** : 옥수수따기, 감자캐기, 감자굽기, 고추따기, 민물고기잡기, 다슬기잡기

    ③ **가을체험프로그램** : 메뚜기잡기, 배추심기, 고구마캐기, 깻잎따기, 단무지수확, 도토리줍기, 무시래기만들기

④ **겨울체험프로그램** : 디딜방아, 눈썰매타기, 투호놀이, 팽이치기, 얼음지치기

4. **마을 관광** :

① **대산마을휴양지** : 대산유원지, 민박 10호
② **전통체험시설** : 재래식 디딜방아, 물레방아, 원두막 등
③ **농촌체험** : 민물고기잡기, 다슬기줍기, 감자심기·캐기, 고추따기, 옥수수따기 등
④ **산채채취** : 두릅, 산나물 등

● 농촌체험관광해설사

MEMO

제5장
농촌마을관광의 방향설정과 추진방안

1 농촌관광 정책 방향설정

1) 정책 고려요소

(1) 마을의 차별화된 체험프로그램 개발 필요

기존의 체험 프로그램은 마을마다 개성이 없고, 도시민에게 획일적 경험 편익만을 제공해 왔다. 영농체험(85.5%)과 농산물 가공(81.1%)과 같은 프로그램이 대부분을 차지했다.

농촌 마을관광의 활성화를 위해서는 관광객에게 새로운 경험을 제공하여 여러 지역의 다양한 마을을 방문할 수 있도록 마을이 가진 자원을 활용한 차별화된 체험프로그램 개발이 필요하다.

(2) 자발적 참여 주민주도형 지원 시스템 개발 필요

마을 주민들이 자발적으로 관광마을 조성 및 운영에 참여하도록 함으로써 마을자원 개발 및 관광 상품화에 애정과 책임을 다 할 수 있도록 주민주도형 지원 시스템을 개발해야 한다.

(3) 수요자의 요구에 부합한 전문성 있는 관광상품을 개발

대부분 농작물 수확이나 농산물 가공 등의 체험 프로그램이다. 도시민 관광객들은 휴식 및 휴양, 새로운 경험을 위해 농촌의 마을을 방문하는데, 이러한 수요자의 요구에 부합한 체험 프로그램을 운영하고 있는 농촌 마을은 드물다. 관광객의 요구가 다변화되고 있으며 농촌주민 역시 다원화되고 있으므로, 수요자의 요구에 부합한 전문성 있는 관광상품을 개발하는 데 노력을 기울여야 한다.

〈부산 감천문화마을(예)〉

마을미술프로젝트로 마을 경관이 정비된 것을 근간으로 마을 주민들이 적극적으로 관광상품을 개발 및 운영히여 관광마을로 자리 잡게 된 대표적 사례이다. 주민들이 마을활성화에 적극적으로 참여하며, 마을추진협의회(주민자치위원회)를 운영 중이다.

(4) 마을추진협의회에서 하는 일

첫째, 관광객에게 마을에 있는 작품을 소개 및 해설, 주민이 종업원인 카페·공방·음식점 운영 → 주민 일자

리 창출

둘째, 마을지도 판매 및 카페·공방·음식점 수익금은 마을정비 및 주민복지에 사용

셋째, 기타 불편사항 해결: 500가구 보수 및 정비, 공동 생활편의시설(빨래터, 샤워장) 조성, 공구대여, 주민전용 마을버스 운영 등

2) 정책 주안점

(1) 관광객 수요에 부합한 콘텐츠 개발

농촌 관광마을을 방문하는 관광객의 목적은 휴양, 교육, 체험, 위락 등 다양하며 점차 복잡해지고 있다. 지역의 여건을 최대한 활용하되 세분화된 표적 설정을 통해 농촌 관광마을이 매력적인 관광지로서 거듭남과 동시에 다른 형태의 관광과 견주어도 경쟁력을 가질 수 있도록 마을 고유의 차별화된 체험 프로그램 및 관광상품을 개발해야 할 것이다.

(2) 마을의 고유자원을 활용한 마을특화 콘텐츠 확충

마을이 보유한 자원의 가치에 대한 이해를 바탕으로 고유

의 특화 콘텐츠를 개발해야 한다. 농촌 관광마을을 조성하는 과정에서 마을 내 보유하고 있는 물리적 인프라를 최대한 활용하며, 차별화 요소를 부각하기 위한 소프트웨어적 지원을 극대화해야 한다. 관광상품 및 콘텐츠의 개발에서 운영에 이르기까지 농촌 마을의 정체성을 유지해야 하며, 불가피할 경우 정체성 훼손을 최소화하는 데 주안점을 두어야 할 것이다.

(3) 운영 및 관리의 주민 중심 추진조직체의 확보

　농촌 마을관광 활성화를 위한 정책사업의 추진을 위해서는 마을단위 농촌관광의 특성을 이해하고, 실질적으로 추진해나갈 수 있는 조직 및 인력이 필요하다. 요컨대 미을 단위 농촌관광 운영을 위한 지속가능한 운영 체계를 마련해야 한다. 추진조직체의 형태는 마을주민으로 구성된 조직이 가장 이상적이나, 필요시 마을 외부에서 인력을 충원하여 조직을 구성할 수도 있다.

3) 정책 기본전제

기존 정책사업과 수요 변화, 해외 농촌 관광마을 선진사례, 심층 인터뷰에서 시사점을 도출하였다. 농촌 마을관광 활성화를 위한 정책의 실행은 기존 농촌 관광마을 정책과의 차별성 확보, 구축된 하드웨어 및 마을자원 활용의 극대화(추가시설확보의 최소화), 관광객 수요변화에 대응한 마을특화 콘텐츠 구축방안 제시가 우선적으로 이루어지도록 한다.

(1) 기존 농촌 관광마을 정책과의 차별성 확보

소프트웨어 측면에서 지역 고유의 정취 및 문화유산을 활용한 콘텐츠 개발이 이루어지지 못해 마을 간 차별성이 없고, 관광자원으로서의 매력이 낮은 실정이다.

기존 정책사업과의 차별성을 확보해야 하며, 실제로 농촌 마을관광 활성화로 이어질 수 있는 방안을 마련해야 한다.

(2) 수요변화에 대응한 마을특화 콘텐츠 구축방안 제시

새롭게 추진하는 정책 사업은 관광객 수요와 농촌 마을만이 가진 특색 간의 합일점을 찾아 각 마을만이 가지는 차별

성을 부여하면서 동시에 관광객 수요에 부합할 수 있어야 한다. 이를 위해 각 마을이 가진 자원을 최대한 발굴하고 특색 있게 활용하는 전략이 필요하다.

(3) 주민의 협력에 기반 한 체계적인 추진조직체의 확보

 사업 계획 단계부터 마을 주민의 자발적인 참여를 기반으로 주민주도형 추진조직체를 우선적으로 확보하되, 필요시에는 정부와 외부조직과도 적극적으로 협력할 수 있는 민관협력형 추진조직체를 확보할 수 있도록 해야 한다. 또한 마을 간 통합 네트워킹을 장려하여 농촌 관광마을의 지속가능성을 제고하고, 운영 측면에서의 자립도 확보를 위한 지원 방안을 모색한다.

● 농촌체험관광해설사 ●

2 농촌마을관광 정책 추진방안

1) 정책 접근방식 및 필요성 도출

(1) 영역적(territorial) 접근

농촌 관광마을에 있어서 공간적인 통합이 가능한 물리적 영역의 설정이 필요하다. 이에 각 지자체 행정구역 내에서의 농촌 관광마을의 영역설정과 함께, 각종 프로그램을 통합하여 시행할 수 있는 마을, 지역관광지 등 추가적인 공간영역의 설정이 요구된다.

즉 농촌 마을관광 활성화 정책의 대상이 되는 마을이 가지고 있는 자원, 자본, 경쟁력, 이미지 등을 종합적으로 분석하여 마을이라는 물리적 공간에 국한하지 않고, 마을이 속한 지역 내의 관광지 및 다른 관광마을과 연계할 수 있는 정책이 마련될 필요가 있다.

(2) 다부문적(multi-sectoral) 접근

각 중앙정부 부처별로 추진하고 있는 농촌 마을관광 정책사업을 지자체의 입장에서 접근하여 정책 실효성이 높은 마

을을 채택하여 사업을 추진하고, 예산을 지원하는 체제의 구축이 필요하다.

따라서 관광의 관점에서 농촌 마을관광 활성화 사업을 종합하고, 연계하여 추진할 수 있는 통합주제(unifying theme)를 설정한 후 구체적인 세부사항을 구성하는 정책적 전략이 요구된다.

관광 서비스와 상품으로 질적 성장하기 위해서는 보다 전문적인 접근이 필요하다.

(3) 거버넌스적(local governance) 접근

농촌 마을 관광은 특정 공간을 대상으로 할 지라도 사업내용이나 대상에서 있어서 다치원적이다. 또한 지방화의 추세에 따라 지자체 및 주민이 정책 추진의 주요주체로 부각되고 있어 해당 주체를 중심으로 한 거버넌스적 접근이 필요하다.

중앙정부의 부처 간 협력, 중앙정부와 지자체의 협력, 지자체 내에서의 관련기관 및 부서 간 협력 체계뿐 아니라 지역 주민이 자유롭게 의견을 발제할 수 있는 관민협동의 체제를 마련하는 것이 농촌 마을관광 활성화 정책 추진에 선행되어야 한다.

●농촌체험관광해설사●

2) 기본방향

　농촌 마을관광 활성화를 위한 정책은 관광트렌드 및 관광객 수요 다각화 등의 환경변화에 대응하여 농촌 관광마을이 매력적인 관광지로서 경쟁력을 확보하는 것을 목적으로 한다.

　정책 추진원칙은 타 정책사업과의 연계 및 차별성 확보, 마을특화 콘텐츠 개발에 중점을 둔 지원, 운영 및 관리를 위한 주민 주도 및 협력적 추진조직체의 확보로 정한다. 이에 정부차원에서 마을의 여건에 부합한 맞춤형 패키지 지원을 통해 새로운 형태의 관광마을을 조성함으로써 농촌마을관광 활성화의 단초를 조성한다.

(1) 정책 목적 및 핵심가치

　① 차별화된 관광마을 조성을 통한 관광활성화 도모

　농촌지역 고유의 정취를 반영한 차별화된 콘텐츠 및 관광객 수용태세를 갖춘 마을을 조성한다.

　② 관광트렌드 변화에 대응한 콘텐츠 마련으로 관광객 만족도 증가

　농촌 마을의 다양한 자원을 활용한 콘텐츠와 체험 프로

그램을 개발하여 도시민 관광객에게 제공하도록 한다. 도시에서는 경험할 수 없는 체험편익을 제공함으로써 결과적으로 농촌 마을관광의 활성화를 도모한다.

③ 주민 협력에 기반 한 정책 추진으로 지속가능성 담보

주민들의 자발적인 참여의지를 유도하여 주민들의 협력에 기반 한 주민주도형 추진조직체를 구성함으로써 지속가능한 농촌관광마을을 조성한다.

(2) 정책 추진 원칙

① 타 정책사업과의 연계(융복합) 및 차별성 확보

농촌 마을이 관광객에게 매력적인 여가, 휴양, 체험공간으로 인식되기 위해서는 아름다운 경관과 깨끗한 자연환경, 마을조경과 공공시설의 정비, 민박을 위한 농가 주택의 정비, 환경농업의 실천, 특산품의 개발 등이 필요하다.

기존 사업과 연계하여 추진할 수 있도록 계획수립 단계에서부터 종합적인 구상(안)이 협의되어야 하며, 원활한 협력이 가능하도록 시스템이 뒷받침될 필요가 있다. 또한 기존 사업과의 연계와 동시에 차별화된 정책 모델

제시를 통해 농촌 마을관광 정책의 패러다임 전환을 도모해야 한다.

② 마을특화 콘텐츠 개발에 중점을 둔 지원

마을이 보유한 자원이나 여건 등이 상이하고, 마을별 콘텐츠 차별화를 위해서는 창의성 발현이 대단히 중요하므로 정형화된 사업 모델을 적용하기 보다는 마을에 따라 내용을 다르게 할 수 있도록 한다. 이 과정에 마을주민과 지역 전문가의 의견이 충분히 반영될 수 있는 구조를 마련한다.

③ 운영 및 관리를 위한 주민 참여 추진조직체의 확보

마을 관광객의 편의, 운동, 휴식, 휴양 등을 위한 기본적인 공동 시설조성은 해당 지자체의 지원과 공모사업 등을 연계하여 추진하며, 민박이나 음식, 특산품 판매 등과 같이 개별 경영 역량을 가진 주민이 있는 경우 이것을 효율적·효과적으로 연계하여 마을관광의 큰 범위로 엮어 내는 작업이 필요하다. 이와 같은 공모사업이나 마을관광 활동의 중심 주체로서 주민 주도형 추진조직체가 요구된다.

(3) 농촌 관광마을 조성사업의 추진형태별 특성

각각의 추진형태가 서로 연계, 결합하는 형식으로 사업을 추진

① **행정기관** : 물리적인 기반정비, 수요 창출 - 테마파크, 휴양림조성, 주말농원 조성, 농·소·정 협력사업

② **개별 가구** : 민박, 음식물 판매, 특산품 개발 - 관광농원, 민박, 펜션, 농산물가공품 개발

③ **마을공동** : 마을 공동사업 추진 - 마을 조성, 마을단위 친환경농업추진, 마을공동 숙박 및 음식체험장

④ **관련 단체** : 도농 교류사업, 주말농원 조성사업 - 농협 팜스테이, 주말농원, 소비자단체수죄 도농교류사업 등

3) 정책 추진 방향

(1) 타 정책사업과의 연계 및 차별성 확보

여러 부처 및 해당지자체에 분산되어 있는 공모사업 등에 참여하여 각 마을에서 필요한 지원을 받게 한다. 마을관광 활성화 정책과 연계하여 추진할 수 있다.

●농촌체험관광해설사●

각 마을의 여건에 맞춰 볼거리, 먹을거리, 즐길거리, 이동 편의성 등을 관광객의 수요에 맞춰 종합적으로 지원한다. 이때 하드웨어와 소프트웨어, 휴먼웨어 사업을 배분하고 정형화하는 것이 아니라 마을의 여건에 맞게 유연하게 추진하도록 한다.

〈마을관광 활성화 정책과 연계 가능 사업〉

1. 국토교통부

1) 도시재생사업 – 부동산 경기 침체 등으로 인해 낙후된 도심을 재생시키는 것을 목적으로 지자체의 도시재생 사업계획과 연계하여 추진

2) 국토환경 디자인 시범사업 – 지역특성이 반영된 경관개선 방안 제시 및 지자체의 디자인 역량강화를 위한 마스터플랜 수립과 디자인 관리체계 도입에 사업별 국고보조금 및 전문 인력 지원

3) 그린 리모델링사업 – 녹색건축물 조성 지원법에 의거 에너지 개선을 위해 기존 건축물을 리모델링하는 모든 유형의 민간사업을 지원

4) 지역수요 맞춤형사업 – 지역 주민의 생활불편을 해소하고 삶의 질을 높이기 위해 기반시설(H/W)과 문화콘텐츠 등 소프트웨어(S/W)의 융·복합을 통해 새로운 부가가치를 창출하는 사업을 대상으로 5~30억 원 내에서 예산 지원

2. 행정자치부

1) 마을기업 육성사업 – 마을주민이 주도하여 지역의 자원을 활용하여 안정적 소득 및 일자리를 창출하는 마을 단위의 기업을 육성하고자 1차년 5천만 원, 2차년 3천만 원의 사업개발비 지원

2) 희망마을 만들기 및 지역공동체 활성화사업 – 주민의 생활편익, 문화복지공간 조성, 수익창출 시설 조성 등의 지원과 주민주도의 지역공동체 활성화 프로그램 발굴을 지원하며, 특별교부세 50%, 지방비 50%(시비 25%, 구·군비 25%) 및 자부담으로 추진

3) 마을공방 육성사업 – 지역공동체 플랫폼인 공동작업장을 설치하여 취약계층의 기술 습득을 지원하고, 마을

공동체를 복원하는 지역단위 인프라 조성

3. 문화체육관광부

1) **관광두레사업** – 주민의 자발적 참여와 지역자원의 연계를 통한 새로운 방식의 지역관광개발사업, 주민주도의 관광사업체 창업 및 육성 지원

2) **마을미술 프로젝트** – 예술가들에게는 창작의 장을 열어주며, 마을 주민에게는 마을의 정체성을 회복하고, 문화 네트워크 조성 및 관광 마을로 발전하는 등 마을 나름의 장소성 마련

3) **생활문화센터 조성지원사업** – 지역 내 유휴시설 및 기존 시설의 전체 또는 일부 공간의 리모델링을 통한 생활문화센터 조성

4) **세시풍속 이어가기 사업** – 지역의 고유한 세시풍속을 꾸준히 지키고 계승 및 발전시켜 나갈 전통마을 10개 지역을 선정하여 세시풍속 전통마을로 육성하기 위해 관광(체험·투어 등) 프로그램 개발, 아카이빙, 홍보 등을 지원

5) 문화 및 생태녹색 관광자원 개발사업 - 지역의 문화, 역사, 생태 등 다양한 관광자원 개발 지원

6) 지역문화컨설팅 지원 사업 - 지역문화재단 또는 지역대학을 중심으로 문화예술가(단체)와 지자체가 협력하여 지역문화정책에 대한 컨설팅을 실시하도록 지원

7) 생활문화 공동체 만들기 사업 - 약화되어가는 지역 및 마을의 공동체 기반을 구축하여 공동체 회복 및 활성화를 위한 활동을 지원

8) 생태녹색 관광자원화 - 지자체의 특색 있는 고유 자원의 관광자원화를 통하여 관광객의 요구에 부응(야생화, 노후관광지 재생, 슬로시티 포함) - 문화체육관광부

4. 농림축산식품부

1) 창조적 마을 만들기 사업 - 마을을 체계적으로 발전시켜 누구나 살고 싶어 하는 농촌마을을 조성하기 위해 마을 역량에 맞는 단계별 지원

2) 기초생활 인프라 정비사업 - 농촌 빈집정비, 농업기반

●농촌체험관광해설사●

정비사업 추진하여 농촌의 생활·정주환경 개선 및 문화·복지시설 정비 등을 지원

3) **시·군 역량강화 사업** - 소프트웨어(S/W) 중심의 사업 추진을 통한 문화적, 공익적, 경제적 부가가치를 창출하는 창의적 사업을 지원하여 시군 자체의 역량 강화

4) **농어촌관광 휴양자원 개발사업** - 농어촌 관광 휴양자원을 발굴 및 육성하되 농어촌 및 준농어촌지역의 자연경관을 보존하여 농어촌 소득을 증대시키는 사업 지원

5) **농촌축제 지원사업** - 농촌지역 주민들이 주체가 되어 주민화합, 전통계승, 향토자원 특화 등 특정 주제를 가진 축제를 개최하는 데 예산 및 인적자원을 지원하여 지역공동체 활성화를 도모

5. 환경부

1) **슬레이트 철거사업** - 국민의 건강한 생활환경 조성과 경관개선을 위해 가구당 168만 원의 국고보조금을 지원하여 슬레이트 지붕 철거

*자료: 부처별 업무추진계획, 농림사업시행지침

(2) 마을특화 콘텐츠 개발 지원

① 기존의 것을 활용하는 방식

마을관광에서 가장 중요한 것 중 하나가 마을의 특화 콘텐츠를 갖추는 것이다. 이때 마을 자체가 갖고 있는 유형, 무형 요소들과 주민들이 보유하고 있는 자원 등 기존의 것을 발굴하고 새롭게 활용할 수 있도록 지원한다.

즉, 마을 내 주택이나 담장, 우물, 이야기 등 기존에 보유하고 있는 요소들이 갖는 매력을 알아보고 그에 대해 새로운 활용 가치를 부여하는 것이다.

가. 시설의 활용

관광객이 마을을 방문하고 그들이 주민들이 만든 유형, 무형의 관광 상품을 소비함으로써 마을 주민들에게 관광의 편익을 창출시킬 수 있게 한다.

■ 공·폐가의 활용

농촌 마을에 방치되고 있는 공가와 폐가 등의 유휴시설이 관광자원으로 활용되는 정도가 낮은 편이다. 그래서 공·폐가는 그대로 방치되어 마을의 흉물로 여겨지며 경관을 해치고 있는 경우가 많다.

● 농촌체험관광해설사 ●

농촌 마을관광이 활성화 된 일본은 공·폐가를 적극적으로 활용하여 관광자원화 하였다. 공·폐가는 음식점, 전시관, 숙박시설 등 관광객들에게 편의를 제공하는 다양한 시설로 활용되기도 하고, 예술작품을 설치하는 공간이자 건물 자체가 하나의 작품이 되기도 한다.

■ 폐교의 활용

산업화, 도시화가 빠르게 진행되면서 농촌 마을은 과소화, 고령화되기 시작하였고, 이로 인해 농촌에는 방치되고 있는 폐교 건물이 많다.

시·도 교육청이 보유한 폐교재산은 「폐교재산의 활용 촉진을 위한 특별법」에 의거 국민들이 교육, 사회복지, 문화, 공공체육 및 소득증대 등의 목적으로 임대하여 활용할 수 있다.

■ 마을 내 공터의 활용

마을 곳곳에 산재되어 있는 폐가의 텃밭, 공유지, 건물 철거지 등과 같은 공터도 활용 가능성을 고려할 때 대단히 중요하다. 따라서 공터를 활용한 관광 상품이나 서비스를 만들 수 있는 방안을 고려해 볼 필요가 있다.

■ 공·폐가의 활용

　공·폐가를 활용한 일본 마을관광의 대표적인 사례는 이에(いえ, 집) 프로젝트이다. 이에 프로젝트를 통해 공가나 폐가, 의원, 진료소, 저택 등에 작품을 설치하여 관광객들에게 볼거리를 제공하고, 이를 유료화하여 일정한 수익이 발생하게 한다.

■ 폐교의 활용

　유휴시설의 하나인 폐교는 미술관, 전시관, 체험관, 홍보관, 주민과 어린이를 위한 휴식 및 놀이공간, 숙박시설, 레스토랑 등의 매우 다양한 형태로 활용된다. 마을의 거점이자 일터, 관광객과의 교류 거점으로 활용된다.

■ 마을 내 공터의 활용

　폐가의 텃밭, 공유지, 건물 철거지 등과 같은 마을 내 빈 공간에 다양한 작품을 설치하여 관광객에게 볼거리를 제공함으로써 공터는 수익이 발생하는 관광자원으로 거듭나게 되었다.

나. 자연자원의 활용

　계단식 논처럼 그 지역과 마을만이 가지는 고유한 지형

이나 자연 재해 등으로 인해 우연히 형성된 경관과 같이 마을의 자연과 역사적 사건을 보존함으로써 관광자원화 하는 것이다.

산사태로 생긴 지형을 인위적으로 복원하지 않고, 오히려 그것을 관광객에게 볼거리로 제공하고, 산사태로 흘러내려 쓸모가 없어진 토석류는 사방댐을 쌓는데 이용하였다. 또한 하천제방의 방치 공간에 작품 및 휴게 시설을 설치하는 등의 사례가 있다. 적설량이 많은 지역에서는 쌓여있는 눈 자체를 자원으로 활용하는 경우도 있다.

다. 주민 소유물의 활용

마을 주민 개개인이 가지고 있는 소소한 물건들도 마을 관광의 자원이 될 수 있다. 지역에서 출토된 토기 또는 작품, 개개인이 소장하고 있는 자원도 어떻게 모으고 관리하고, 연계하느냐에 따라서 관광자원이 될 수 있다. 초기에는 마을 주민들의 의미 부여가 큰 공간일지라도 외부의 공감을 이끌어내고 나름의 가치를 인정받게 될 경우, 다른 마을과 차별화되는 특화 콘텐츠로서 기능할 수 있다.

라. 마을 유래 및 전설 등 스토리의 활용

마을의 형성 유래와 전설 등 스토리의 활용하여 마을을 특색 있게 개발하는 방안도 고려할 수 있다. 풍수지리적 조건, 특성 성씨의 집성촌, 박사마을과 같이 재미있는 마을 명칭이 붙은 유래를 가진 마을, 무등산수박마을과 같이 특산품이 유명하거나, 진돗개 마을과 같이 특색 있는 자원을 갖고 있는 마을 등 각각이 지닌 고유의 스토리를 공간과 시설, 프로그램으로 형상화하는 것이다.

② 새로운 것을 추가하는 방식

우리나라의 마을미술 프로젝트를 통해 지역의 이야기를 담은 다양한 예술 작품이 설치되고, 이것이 볼거리가 되어 마을 관광이 활성화되는 사례가 관찰되고 있다.

한편 유럽에는 농촌 마을에 새로운 콘텐츠를 도입함으로써 관광객을 모으는 사례가 많다. 예를 들어 영국의 헌책방 마을 헤이 온 와이(Hayon Wye)나 네덜란드의 책마을 브레더보르트(Bredevoort)는 책을 콘텐츠로 투입하여 전 세계에서 관광객이 몰리는 명소로 성장하였다.

[영국 헤이 온 와이 마을]

　영국의 헤이 온 와이(Hay on Wye) 마을은 평범한 농촌 마을이 책마을로 거듭나면서 세계적인 관광지로 자리매김한 사례이다. 마을 전체가 세계에서 가장 아름다운 서점 10위에 선정되는 등 희귀한 책뿐만 아니라 각종 일반 서적도 많이 보유하고 있으며, 계속해서 관광객을 유치하기 위해 헤이 온 와이 축제 등과 같은 관광콘텐츠를 개발하고 있다.

* 자료: http://britholic.com/220122784574

③ 사람을 중심으로 한 지원

　관광객들이 농촌 마을을 방문하여 휴양, 체험, 식음, 숙박 등 다양한 활동을 하며 단·장기간 체류하도록 하려면 기본적인 물리적 인프라를 갖추는 것이 필요하나, 휴먼웨어를 공고히 하는 것이 무엇보다 중요하다.

　귀촌인을 포함하여 마을 주민 스스로가 지역 자원을 활용한 관광사업을 발굴하고 추진할 수 있도록 역량강화교육과 컨설팅 등이 지원될 필요가 있다. 일본의 대지예술제에서도 주민들이 미술작품을 패러디하여 작품으로 활용함

으로써 웃음을 유발하는 관광 콘텐츠를 만들어 낸 사례가 있다.

[일본의 대지예술제]

뭉크의 절규라는 작품을 주민들이 패러디 하여 관광객들에게 웃음을 유발하는 관광 콘텐츠가 되었다. 성공적인 관광마을의 전제조건인 주민참여를 통해 마을관광이 활성화된 사례라는 점에서 큰 의미를 지닌다.

(3) 민관협력형 추진조직체 구성

해당 정책 사업 추진 과정에서 주민의 참여를 원활하게 하기 위해 중앙정부와 지방자치단체의 역할 분담을 통해, 주민이 주도하고 행정이 지원하는 형태의 민관협력형 추진조직체를 구성하도록 한다.

① 주민조직은 마을 단위 관광사업을 공동으로 추진하고, 마을 내 개별 관광사업체를 연계하여 마을이 함께 성장할 수 있는 관광 상품과 서비스를 마련한다. 자율적인 품질 관리와 네트워크, 자체 교육 및 훈련, 사업 역량 강화 노력 등을 수행한다.

② 중앙정부는 마을 특화 콘텐츠 마련에 초점을 둔 마을 관광 활성화 정책을 개발하고, 중장기 계획을 수립하며, 관련 정책 실행을 위한 시범사업을 추진한다. 뿐만 아니라 관련 정책 및 농촌 관광마을의 홍보, 정보교환을 위한 네트워킹 체계 구축, 제도 정비, 주민 조직 육성 및 지원 등의 역할을 담당한다.

③ 지방자치단체는 마을관광 활성화를 위하여 마을 단위로 연계 가능한 사업을 종합적으로 시행하고, 지역 맞춤형 인적자원 육성을 지원한다.

④ 지역 단위 농촌 관광마을 콘텐츠 및 프로그램 홍보 등의 역할을 수행한다.

3 정책사업화 방안

농촌 마을관광 활성화를 위한 구체적인 실행방안으로서 시범사업의 기초구상을 제시한다.

1) 시범사업 개요

(1) 사업의 차별성

① 사업의 콘셉트는 지역 고유의 정취를 즐길 수 있는 관광수요자 맞춤형 재생과 재창조 공간 만들기에 둔다.

② 사업방식은 주민주도형에 전문가 지원을 더한 양방향의 협업 구조를 지향한다. 이 때 주민과 마을총괄계획가, 예술가, 전문 용역 수행업체 등이 함께 한다.

③ 사업내용은 수요자를 고려한 지역 여건별 맞춤형, 패키지 지원으로 한다. 기존사업별 칸막이를 없애고 타 사업을 연계·포괄하는 형태로 추진한다.

(2) 사업의 추진방향

① 수요자 맞춤형 수용태세를 정비한다. 교통 접근성, 마을경관, 관광콘텐츠, 안내체계 등에 이르기까지 관광수요자 맞춤(tourist-friendly)형으로 해당 지역의 여건에 맞게 수용태세를 정비하는 것이다. 즉, 지역이 보유한 자원과 분위기(고유성) 등에 기초하되, 관광수요자의 니즈(needs)에 부합할 수 있도록 필요 시설 및 공간을 정비한다.

② 주민이 주도적으로 관광 프로그램을 개발하도록 한다. 주민이 주도적으로 지역의 역사·문화·생태·산업유산을 연계·통합 활용하여 관광프로그램화 하도록 한다. 요컨대 주민공동체 스스로 지역 고유자원을 찾아 관광사업화하고, 소득을 창출하는 지역창조 비즈니스 모델 '관광두레'와 연계한다.

③ 신규 건립방식은 지양하고 기존 비활성화 및 유휴시설을 최대한 활용하여 재생 및 재창조형 시설을 조성한다. 비활성화 및 유휴시설(빈집, 창고 등)을 리뉴얼 및 리모델링하여 주요 관광거점(여행자카페(정보센터), 게스트하우스, 마을식당 등)으로 활용하는 재생방식을

접목한다.

④ 타 부처 및 문체부 지원사업을 "(가칭)관광테마빌리지 조성 사업"에 연계하거나 포괄하여 융복합적·입체적 사업으로 추진한다. 문체부(슬로시티, 문화마을, 관광두레, 마을미술프로젝트), 문체부 지특(문화및 생태녹색 관광자원 개발), 국토부(도시재생), 농림부(창조마을), 농림부 지특(일반농산어촌개발-읍면소재지 종합정비 등), 중기청(상권활성화), 행자부(희망마을) 등이 연계 대상 사업이다. 정책사업의 수혜 및 추진주체가 마을 주민이므로, 관광테마빌리지 추진 주민들을 주축으로 타사업의 지원내용을 융복합한다.

2) 기본구상

(1) 관광테마빌리지 개념

주민이 주도적으로, 특색 있는 지역자산을 효과적으로 활용하여 마을 전체가 체류형 관광지로 기능하는 관광마을을 의미한다.

① 우선 아름답고 쾌적한 경관을 보유한 마을로써 산, 강, 바다, 들녘, 한옥 고택 등 자연경관과 역사, 문화 등 지

역 고유의 쾌적한 분위기를 갖고 있다. 마을 내 통일된 이미지의 마을여행 안내판이 설치되어 있으며, 생울타리와 꽃길, 꽃밭, 과실나무 등이 조성되어 있다.

② 관광 편의 시설이 완비되어 있다. 마을 입구 혹은 중심부에 위치한 여행자 카페에서 마을관광과 관련한 정보를 안내받을 수 있으며, 지역에서 생산하는 농산물을 활용한 간단 먹거리와 음료 등을 이용할 수 있다. 여행자 카페는 기존 비활성화 혹은 유휴시설을 지역 정취에 어울리게 현대적으로 리모델링하여 마을관광의 거점 공간으로 기능하게 한다. 마을민박 신청 및 체험프로그램 접수가 이루어지며, 마을여행 지도 제공 및 안내자(마을 이야기꾼) 소개가 가능하다. 카페 내부는 무료 WIFI존이며, 마을 농특산품 및 공예품 판매장을 겸한다.

③ 다채로운 지역 특화 프로그램을 운영한다. 자연 및 1차 산업(농림어업)을 활용한 계절 프로그램부터 등산, 트래킹, 자전거, 승마, 수상레저 등 레저 스포츠까지 다양하다. 또한 술 빚기, 발효식품 만들기 등 음식체험과 마을 예술제 및 축제와 같은 문화예술형 프로그램도 지역 여건에 따라 구상 가능하다.

④ "쉼" 혹은 "여유"하면 떠오르는 공간이자, 일회성(인스턴트) 관계가 아니라 늘 반겨줄 수 있는 사람이 있는 정(情)과 활력이 넘치는 공간으로 설정한다. 여기에서 중요한 부분이 마을 주민, 마을을 찾는 사람들과 지속적인 관계 형성이다.

(2) 사업개요

① 사업 목적은 지역 고유의 정취를 지닌 체류형 관광마을 개발을 통하여 지역관광 콘텐츠를 확충하는 것이다.

② 사업 대상은 지역정체성을 공유하고 있는 마을로 하되, 마을의 연합이나 마을과 인근 중심지까지를 공간 범위로 하는 등 지역 여건에 따라 유연하게 설정 가능하다. 관광객 동선 및 체류 활동을 고려하여 공간, 콘텐츠(숙박, 체험, 이벤트 등), 안내, 교통 등 종합적 정비가 이루어지는 패키지 지원 형태이며, 지역 여건에 맞는 창의적 사업모델 개발을 지원한다.

③ 사업기간은 사업대상지별 3년으로 설정한다. 1차년에는 대상지 선정, 마을 계획 수립, 소프트웨어 사업 시

●농촌체험관광해설사

행이 이루어지며, 2차년에는 관광마을 기반 정비, 시설 리모델링 등을 추진한다. 3차년에는 마을관광 파일럿 사업을 시행하여, 개선점을 도출하고 보완하여 사업을 완료한다.

④ 사업 추진체계는 지역주민 주도적·자율적 계획수립을 지향하되, 지속 가능성 및 성과창출을 위해 문화체육관광부의 사업 승인 및 조정 기능을 병행하여 양방향 피드백을 가능하게 한다. 사업 전담 사무국을 운영하여 사업계획 수립 지원(마을총괄계획가) 및 사업 시행 지원(전문수행업체 위탁), 사업 관리를 수행하도록 한다.

〈사업 추진주체별 역할〉

① 문화체육관광부는 기본계획 수립 및 예산 지원, 사업 대상지 선정을 담당하며,

② 지방자치단체는 지자체소유 유휴공간 제공, 행·재정적 지원 등을 한다.

③ (가칭)관광테마빌리지 사무국은 마을별 총괄계획가 위촉을 통해 관광마을별 사업계획 수립을 지원하며, 전문수행업체 위탁 등 사업 실무를 담당한다.

④ (가칭)관광테마빌리지조성위원회는 마을의 사업추진 주체로서 사업계획 수립, 관광마을 운영 등 사업의 핵심 주체이다.

⑤ 위원회에는 마을 내 구성원 80% 이상이 참여(주민 참여 동의서 확보)하도록 하며 위원회 내에 실무 조직을 구성한다. 마을주민 의견 수렴 및 의사결정기구로서의 위상을 확보한다.

(3) 사업 추진절차

사업 공고 및 사업설명회 개최를 시작으로 공모 접수, 사업대상지 평가 및 선정, 실무 사무국 구성 이후 본격적으로 관광마을별 사업계획 수립, 사업계획 시행, 성과 관리 및 모니터링, 홍보 및 마케팅 등을 추진한다.

사업계획은 핵심적인 마을관광 요소를 감안하되 공간계획(정비계획) 자체가 우리나라 전통의 마을 콘셉트와 미래지향적 콘셉트를 고려할 필요가 있다.

(4) 세부 사업내용(예시)

각 마을이 보유한 자원을 기초로 관광객 동선 및 체류 활

 농촌체험관광해설사

동을 고려하여 공간, 콘텐츠(숙박, 체험, 이벤트 등), 안내, 교통 등을 종합적으로 정비하되, 지역 여건에 맞추어 타 사업과 연계·통합하여 창의적 사업을 계획하고 수행할 수 있도록 지원한다. 주민 참여를 기본으로 하되, 주민과 예술가 협업, 특정 분야 전문가 지원 등 협업을 지향한다.

〈세부 사업내용(예시)〉

1. 접근/교통

연계 순환 소규모버스, 관광콜택시 운행 - 농림부 '농촌형 교통모델 발굴 사업' 연계가능(희망택시 및 마을순환버스 등 커뮤니티 교통서비스 제공)

2. 거점공간

- 여행자 카페: 지역 내 비활성화 및 유휴시설 리모델링, 기존 시설 복합 이용(기존 시설의 일부를 리뉴얼하여 공간 기능 복합화)
- 공간기능: 마을관광과 관련한 정보를 안내받을 수 있는 거점 공간(마을 숙박 신청 및 체험프로그램 접수, 마을여행 지도 제공 및 안내자 소개 등) 마을 농특산품 및

공예품 판매, 무료 WIFI존 - 마을식당, 체험프로그램 운영 공간 등과 연계 가능

3. 마을간판

- 주민-예술가 협업을 통한 노후 간판 정비, 마을여행 안내판(팻말) 설치- 예술가 협업, 레지던시 연계

4. 마을경관

생울타리, 꽃밭, 꽃길 조성, 과실나무 식재, 1가구 1정원(가칭, 손바닥정원) 꾸미기-농촌 환경정비, 경관개선 사업 연계

5. 마을숙박

가족단위, 1인가구, 여성 등 관광객의 특성에 맞는 다양한 민박 또는 장단기 임대 숙소(빈집, 창고 등 리모델링) 조성- 민박의 경우 "집밥"을 제공하는 B&B 형태 장단기 임대 숙소는 취사 가능한 형태 및 기본적인 생활 도구 완비

6. 마을식당/마을주점(펍)

빈집, 창고 등 유휴시설 리모델링
* 유기농 로컬푸드 메뉴 개발 및 식사 제공

* 지역 특산 가양주, 또는 수제 맥주나 와인 등과 연계하여 마을주점(펍) 운영
- 농림부 농가맛집, 찾아가는 양조장 조성 사업과 연계 가능

7. 마을미술관/박물관

예술가 레지던스 및 주민 참여를 통해 지붕 없는 미술관, 박물관 조성

- 문체부 마을미술프로젝트와 연계 가능

8. 마을지도

마을의 자원과 이야기, 사람들을 담은 마을지도 제작

9. 프로그램 개발

* 교육형: 마을의 다양한 사람책 구성, 농림어업 체험, 생태자연학습
* 여가형: 삼시세끼 + 지역민처럼 생활하기(낚시, 독서, 산책, 자전거 타기 등)
* 문화예술형: 마을 예술제, 축제, 공연 등 상시 개최
* 레포츠형: 등산, 트래킹, 자전거, 승마, 수상레저 등 레저스포츠

* 기타: 마을 쉐프, 장인과 함께 하는 음식 만들기(술빚기, 발효식품 만들기 등), 재료 수확부터 손질, 요리 과정을 포함

\- 지역 자원 등 여건에 따라 특성화

10. 주민사업체 육성

주민 조직화, 관광사업(관광객을 상대로 한 식음, 숙박, 대여, 체험 프로그램 등 다양한 사업) 역량 강화 -문체부 관광두레사업과 연계 가능

11. 마을 규칙, 조례

관광마을 사업 추진을 위하여 마을 내 규약 설정(공동기금 조성 및 분배, 관광객을 대상으로 일정 수준 이상의 품질을 제공하기 위한 기준 수립, 마을의 미래 비전을 위한 헌장 등), (필요시) 지자체 조례 제정 및 개정

● 농촌체험관광해설사

관광테마빌리지 사업 추진절차(안)

① 사업 공고, 사업설명회 개최: 문화체육관광부
② 공모 접수: 마을 → 시·군 → 문화체육관광부
   * 마을: (가칭)관광테마빌리지조성위원회 구성, 사업신청서 제출
   * 시·군: 마을 사업신청서와 지자체 협력계획서 제출
③ 사업대상지 평가: 선정위원회 심사 및 심의(문화체육관광부)
   * 선정위원: 학계, 공공기관, 관계부처 추천을 통해 전문분야 및 지역 등을 고려하여 선정위원회 구성
   * 서면심사: 제출된 서류를 선정위원회에서 평가지표를 근거로 평가하여 2~3배수 내외 선정
   * 현장실사: 서면 심사에서 선정된 지역을 선정위원이 현장실사를 통해 사업 취지와 목표 등 평가기준에 부합한 지역 선정
④ 사업대상지 선정: 심의위원회를 통해 최종 확정(문화체육관광부)
   * 심의위원회: 선정위원 일부와 문화체육관광부 관계자 등으로 심의위원회 구성
⑤ (가칭)관광테마빌리지사무국 구성: 관광테마빌리지 조성 실무 담당
   * 관광마을 조성과 관련한 실무를 담당할 전문 팀 구성
⑥ 관광마을별 사업계획 수립: 관광테마빌리지조성협의회 수립 – 관광테마빌리지사무국 지원
   * 마을별 총괄계획가 위촉: 지역의 독창성과 창의성 및 효율적 사

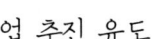

업 추진 유도
- 여러 사업의 중복 가능성이 있으므로 서로 소통하고 조율하여 효율적인 사업 추진 도모
* 관광테마빌리지조성협의회 주도로 사업계획 수립(주민의 자발적 참여 통로 마련, 사업 우선 순위 협의)
- 사업 지원 이후에도 지속적인 관광마을 운영이 가능할 수 있도록 실현 가능한 운영 체계 마련 중요

⑦ 우선 사업 시행(1차년): 관광테마빌리지사무국 - 전문수행업체 위탁
* 마을별 지원 사업 전문수행업체 위탁
* 주민사업체 조직화 및 역량 강화(관광객을 상대로 한 식음, 숙박, 대여, 체험 프로그램 등 다양한 관광사업 역량 준비), 마을 스토리텔링 등

⑧ 2차년 사업 시행: 관광테마빌리지사무국 - 전문수행업체 위탁
* 관광마을 사업계획에 의거 2차년 사업 시행
* 관광마을 여행자 카페, 마을 민박 및 공동 숙박시설 리모델링, 마을 지도 제작 등 지역별 맞춤형 지원

⑨ 3차년 사업 시행: 관광테마빌리지조성위원회
* 마을관광 파일럿 사업 시행, 개선점 도출 및 보완, 사업 완료
* 성과 관리 및 모니터링: 관광테마빌리지사무국
* 사업추진 과정 상시점검: 정기적인 점검을 통해 정책목표에 부합하는 사업계획 수립 및 사업추진 유도
* 연차별 평가, 종합평가

● 농촌체험관광해설사 ●

 * 성과 극대화를 위한 사후 관리 및 모니터링 시행
 * 홍보 · 마케팅: 관광테마빌리지 조성위원회 · 관광테마빌리지 사무국
 * 마을별 홍보 마케팅 전략 수립 및 실행은 해당 마을에서 담당하되, 관광마을 전체에 대한 홍보 · 마케팅은 사무국에서 수행
 * 우수 관광마을 집중 홍보 · 마케팅 추진

제6장
농촌체험 교육농장

● 농촌체험관광해설사 ●

1 농촌체험 교육농장

1) 농장체험이란?

　농촌체험 교육농장이란, 농업 활동이 이루어지는 농촌의 모든 자원을 바탕으로 하여 학교 교과과정과 연계된 교육프로그램 전반에 걸친 활동을 정기적으로 제공하는 농촌 교육의 현장이다. 일회성 행사인 농촌체험을 포함한 새로운 농촌체험교육을 통한 농촌에서 이루어지는 소중한 가치를 인식시키고, 자연과 생명의 소중함을 함께 염려하고, 농업인으로 하여금 농업활동에 대한 가치를 깨닫고, 농업인의 무한한 자긍심과 보람을 느끼게 하는 대안적 모델이다. 또한 농업 농촌이 가지고 있는 교육적, 경제적, 환경적, 문화적 가치를 학교 교육의 눈높이에 맞는 교육서비스를 제공할 수 있는 농가를 육성하여 체계적으로 관리된 품질의 교육서비스를 제공할 수 있게 하여 농촌과 도시의 만남 기회를 확대하고, 신뢰를 쌓아가는 과정을 통해 농업 농촌 가치의 재평가와 농촌경제 활성화에 도움이 되게 한다.

　농업과 농촌에 관한 다원적이며 복합적인 가치와 관점이

자연의 공간에서 이루어지는 활동과 정해진 공간에서 이루어지는 활동의 복합적 공간이라 정의할 수 있다.

2) 농촌체험농장의 기본요건

(1) 공간

농업 활동이 이루어지며 농촌 어메니티가 풍부한 농촌.

* 어메니티(amenity) : 농촌 지역의 장소, 환경, 기후 따위가 주는 쾌적성. 아름다운 경관과 그 속에 살고 있는 사람들의 미(美), 감(感), 쾌(快), 청(靑)을 포함하는 의미.

(2) 주체

법률적 상식적 의미에서 농업인으로서의 요건과 자격을 갖추고 있는 사람 또는 농업활동에 대해 높은 자부심을 가지고 있으며, 농업의 교육적 가치를 충분하게 인식하고 아는 사람.

(3) 자원

농촌마을이나 농가가 보유하고 있는 모든 자원(농업 환경, 문화, 시설, 인적자원 등).

● 농촌체험관광해설사 ●

(4) 활동 내용

학교 교육과 연계된 교육 활동 및 체험 활동 학습.

(5) 활동 유형

방문 행위, 활동 내용 등이 연속적이며 농업 행위의 정기적인 활동을 통해 농업과 농촌이 보유하고 있는 다원적 가치를 발견해 내는 공간.

(6) 대상

농업과 농촌이 보유하고 있는 교육적 가치에 주목하는 사람과 농업과 농촌을 알고 배우려는 학생과 가족, 성인 등.

2 농촌체험 교육농장 가지

1) 교육적 가치

(1) 농업과 농촌은 그 자체로 교과서이다. 학생들은 학교에서 교사와 교과서를 통해 배우고, 배운 내용을 농촌의 현장에서 직접 보고 체험을 해 보는 것으로 궁금증이 해결된다. 농촌의 자연환경은 무한한 호기심과 탐구욕을 불러일으키기에 충분하다.

(2) 농촌은 학생들에게 선한 본성을 이끌어 내 건전한 인성을 함양시킨다. 가장 자연적이고 생산적인 활동은 농업이다. 농촌 체험에서 얻어지는 합리적 사고는 학생들에게 올바른 인성을 갖게 한다. 학생들이 농촌의 농작물과 동물을 보살피며 배려하는 가운데 자기조절능력, 책임감 향상, 규칙을 존중하는 마음, 자신과 타인을 존중하는 마음, 생명의 소중함을 갖게 될 것이다.

● 농촌체험관광해설사 ●

2) 환경적 가치

(1) 농촌의 생태계 환경의 유지 및 정화에 필수적이다. 늘 한곳에 있기에 중요함을 알지 못하듯 지금껏 우리 농촌지역은 본래의 온전한 가치를 인정받지 못해 왔다.

(2) 숲은 끊임없이 생명체가 숨을 쉬는데 필요한 산소를 제공하고 오염물질을 정화하고 있다.

(3) 논은 식량생산의 중요한 역할뿐만 아니라 습지의 중요성을 인정받고 있다(람스르 협약: 1971. 2. 2 이란. 람스르).

(4) 습지는 지하수 수위를 조절하고, 수리적 기능을 가지며, 생태계의 연결 고리 역할을 한다. 또한 수질정화, 문화적 기능을 갖는다.

3) 경제적 가치

(1) 농촌은 식량자원을 생산하는 현장
(2) 식량안보
(3) 환경보전
(4) 농촌 사회 유지
(5) 경관유지 등 비생산적 기능

4) 문화적 가치

예로부터 우리는 농업을 장려하는 나라고 농업관련 문화 및 속담이 많다. 농경문화에 관련된 자료는 농촌체험에 도움이 된다.

(1) 농자천하지대본
(2) 사농공장
(3) 백중날은 논두렁 보러 안 나간다.
(4) 가래 장사꾼은 호랑이도 무서워한다.
(5) 박덩굴이 용마루를 넘으면 사촌집도 가지 마라.
(6) 메뚜기도 여름이 한철이다.

● 농촌체험관광해설사 ●

3 교육농장의 방향

1) 농업농촌의 교육적 가치를 실현

(1) 농업농촌 교육가치 실현과정은 농업인으로서의 긍지와 자부심을 회복하고, 미래세대의 교육에 기여하는 보람과 행복을 얻을 수 있을 뿐만 아니라 자연스럽게 농가소득 향상에 기여하게 된다.

(2) 의미와 가치, 정신에 기대지 않고 경제적 성장만을 쫓는 결과는 우리를 더욱 궁핍하게 할 수 있다. 예를 들어 고구마 수확 체험 5,000원이 비싸다고 3,000원으로 깎자고 흥정하게 하는 결과를 만든 것이 아닐까 생각해 봐야 하는 일이다. 단순 체험지도는 농가가 배우고 익히기에도 편하고 좋았을지 모르나 가치와 의미가 부여된 고급화된 서비스가 아니니 저가로 공급될 수밖에 없었고 이도 비싸다고 흥정하는 시장을 만들게 된 것이 아닐까? 농업이 함부로 값을 흥정할 수 없는 천하의 근본임에도 불구하고 말이다. 의미와 가치, 정신에 기대지 않고 경제적 성장만을 위한 결과는 우리를 더욱

궁핍하게 할 수 있다.

2) 농업계와 교육계가 함께 천천히 제대로 준비

서둘러 질주하다 보면 무슨 일이 일어나는지 미처 알아차리기도 전에 돌이킬 수 없는 길을 갈 수 있다. 맹목적으로 돌진하지 않고, 주의를 기울이면서 '천천히' 가야 좀 더 명료함을 볼 수 있다.

시설에 우선 투자하는 것이 대표적 사례이다. 맹목적으로 돌진하지 않고, 주의를 기울이면서 '천천히' 가야 무슨 일이 일어나는지 좀 더 명료하게 볼 수 있을 것이다. 교육농장 사업은 농업계와 교육계가 함께 100년을 내다보고 제대로 준비하고 밝혀 나가야 된다. 천천히 제대로 준비한다는 것은 교육농장 사업에서 무엇을 해야 할지를 알고, 그 가운데 무엇부터 해야 할지, 제대로 하고 있는지, 점검하면서 가는 것이다. 프랑스 교육농장이 40년간 꾸준히 성장할 수 있었던 것이 천천히 제대로 준비하여 탄탄한 발전 토대를 만들었기 때문에 가능했다. 브르타뉴 지방에서는 준비 단계부터 다양한 교육계의 요구와 농업인의 요구를 수렴하여 교육농장 추진과정을 체계화하였다. 준비단계에서 공유된 추진 정보는 농가

육정, 프로그램 개발, 프로그램 공유, 프로그램 운영, 교육농장 품질관리 규약운영, 홍보까지 체계적으로 각 과정에 반영되었다. 1974년 교육농장이 운영되기까지 꾸준히 성장·발전할 수 있었던 것은 바로 이런 노력이 있었기 때문이다.

제7장
농촌체험마을 운영기법

● 농촌체험관광해설사 ●

1 체험마을의 운영 구조

1) 1차적 운영

(1) 민박 : 4인 기준 : 2~3만 원 / 10인 기준 : 5~10만 원

(2) 식사 : 자체 생산물 1식 4~7천 원

(3) 체험 : 문화체험, 농사체험 : 3천~1만 원

(4) 직거래 : 당일 직거래 / 향후 우편 택배

2) 2차적 운영

(1) 문화교류 : 지역문화 발굴 및 계승 / 생태건축

(2) 마을홍보 : 마을 브랜드 마케팅, 생산물 스토리 → 직거래

(3) 외부사업유치선점 : 주민운영능력 배양, 지역활성화사업 유치

(4) 마을가치상승 : 생활환경 상승, 마을 자산 증대

2 진행 및 역할운영

1) 체험 및 민박 신청과 접수 : 담당자 – 개별위원

(1) 일시
(2) 대상
(3) 프로그램
(4) 숙박 사항
(5) 목록 작성 및 내용 정리

2) 체험프로그램 준비 : 담당자 – 마을체험 준비단

(1) 프로그램 내용 파악 및 조정
(2) 진행자 및 진행 인원 조직
(3) 숙박시설, 숙식 확정 및 부식 준비
(4) 프로그램 동선 및 타임 테이블 작성
(5) 안내 표시판 및 안내문 제작
(6) 프로그램 준비물품 구매 및 확인
(7) 기후에 따른 대체 프로그램 준비
(8) 명찰, 구급약품, 소모품 준비

● 농촌체험관광해설사 ●

3) 체험프로그램진행 : 담당자 - 이장, 부인회, 영농회

(1) 이장 인사 및 마을규약 소개

(2) 마을 소개 및 둘러보기

(3) 시간표에 따라 체험프로그램 진행

(4) 숙박사항 점검 및 취침인사

4) 체험프로그램 평가화 : 담당자 - 총무/사무장

(1) 진행자 자체평가회 및 참가자 피드백

(2) 장단점 파악과 보완

(3) 회계정산 및 마을 주민 보고서 작성

3 주민 참여 유형

1) 제도적 참여

(1) 정책결정과정에서 주민대표기구인 위원회의 일원으로 활동하거나 공청회 등에 참석하는 정도.

(2) 당연한 권리와 의무에 따라 형식적으로 참여하는 것도 있다.

2) 목적적 참여

(1) 지역개발정책 또는 주민기피시설의 유치 등 이해관계를 바탕으로 한 참여.

(2) 이를 계기로 점차 지역문제에 관심을 가지면서 발전적 형태로 변하기도 함.

3) 거시적 참여

(1) 지역을 풍요롭고 쾌적하게 만들기 위한 제도적 장치와 실천전략을 바탕으로 참여.

(2) 종합적이고 장기적인 관점으로 해결해야 할 과제도 많음.

▶ 사례 1 : 마을운영위원회 구성
  ① 추진위원장
  ② 부회장/총무
  ③ 농산물 판매/영농체험/건강체험/민박 음식관리/놀이체험/전통문화체험

▶ 사례 2 : 마을운영위원회 구성
  ① 관리책임자(마을대표)
  ② 시설물관리(유지/보수)
  ③ 사무장(예약, 홍보, 행정/강당, 세미나 운영/운영활성화 지원)
  ④ 재무/회계관리
  ⑤ 체험프로그램/식당 경영/숙박시설

4 마을 규약 제정

1) 총칙

(1) 마을 규약의 명칭, 제정목적, 적용범위
(2) 추진위원회의 사업
(3) 사무소의 소재지

2) 회원

(1) 회원 구분, 가입
(2) 자격상실, 회원의 권리와 의무

3) 임원

(1) 임원의 구성과 선출 및 해임
(2) 임기
(3) 직무

● 농촌체험관광해설사

4) 총회

(1) 총회의 구성(구분), 기능

(2) 의결, 사업보고, 감사보고, 회의록 작성 및 공개

5) 추진위원회

(1) 추진위원회의 구성

(2) 운영

6) 마을자원의 운영 및 관리

(1) 마을 공동시설의 범위, 운영, 관리

(2) 마을 자연의 범위, 운영, 관리

(3) 토지거래에 관한 규제

7) 회계

(1) 마을공동기금 조성, 운영

(2) 예산 및 결산

5 지역협력형

1) 사무국
* 회계 관리/행정 업무

2) 회원
* 사업 참여, 회비 납부

3) 협의회
* 상호 네트워크, 아이디어 교류

4) 홍보
* 이벤트, 홍보기획

5) 자문위원
* 효율적 사업추진, 컨설팅 및 자문

6) 지자체

* 사업 계획, 협의 조정

6 맺는말

1) 도시와 농촌의 상호보완
2) 상생에 따른 국토의 균형발전
3) 삶의 질 향상이란 국가 정책의 큰 틀의 이해
4) 많이 파는 것이 목적이 아니라 사람의 마음을 사는 것이 목적이다.
5) 남의 이야기만 듣고 먼 곳만 쳐다보지 말고 내가 처한 상황에서 발밑을 쳐다보고 지금 있는 자리에서 시작하라.
6) 어떻게 팔까를 생각하지 말고 소비자의 입장에서 나라면 이것을 사고 싶을까를 생각해 보라.

 사례) 농촌체험마을의 운영

1. 외갓집 체험마을 http://stayfarm.co.kr

  1) 10대 성공포인트

   가. 서울 등 대도시에서 1시간대 도달 접근성 우수
   나. 산과 하천이 함께 어우러진 청정한 자연 환경
   다. 철저한 고객관리를 통한 30~40% 재방문율
   라. 친절 서비스를 다하려는 마을 주민들의 노력
   마. 학생 대상 자연캠프 & 농촌체험 차별화 성공
   바. 고객 집단 특성에 따른 맞춤형 프로그램 개발
   사. 법인화된 사업시스템과 능력, 성과별 분배제
   아. 마케팅 경험이 풍부한 법인 대표의 사업 수완
   자. 적극적인 홍보와 선전을 통해 마케팅에 주력
   차. 영업이익의 끊임없는 재투자로 인프라 개선

  2) 외갓집 소개

   가. 청소년수련활동 인증기관

     ① 기본형 제3518호
     ② 숙박형 제6569호

   나. 외갓집 체험 인솔자

     ① 체계적인 체험교육시스템
     ② 정기적인 안전지도교육
     ③ 소통 가능한 젊은 삼촌과 이모

④ 농작물에 대한 해박한 지식

다. 김주헌 촌장

① 농촌에서 태어나 농사를 짓고 살다가,

② 농촌체험의 장을 마련하여,

③ 전국적인 붐을 일으킴.

라. 전국 최대 규모의 체험장

① 자체농장 운영(4만 평 규모)

② 딸기, 수박, 감자, 고구마, 옥수수 체험 가능

③ 365일 연중무휴

④ 1급수 냇가 보유

3) 외갓집 농촌체험의 자랑

　가. 농촌체험을 통한 공동체인식 형성

　나. 농촌에 대한 경험과 지식함양

　다. 청소년기에 올바른 가치관과 바른 판단력 향상

4) 프로그램

　가. 봄프로그램

　　* 당일, 1박2일, 2박3일, 봄딸기축제

　나. 여름프로그램

　　* 당일, 1박2일, 2박3일, 외갓집수박축제

　다. 가을프로그램

　　* 당일, 1박2일, 2박3일

라. 겨울프로그램
* 당일(간절기), 당일, 1박2일(간절기), 1박2일, 2박3일(간절기), 2박3일, 겨울김장체험, 겨울딸기축제, 새해맞이대축제, 크리스마스 추억스페셜

마. 특별행사프로그램
* 송어잡기대회(시간별도 공지), 딸기따기체험, 빙어잡기, 딸기아이스크림만들기, 가래떡구워먹기, 군밤구워먹기, 달고나·가락엿 직접 만들어 엿치기하기, 눈썰매 얼음썰매, 종이뽑기게임, 풍선다트게임, 연 만들어 날리기, 널뛰기 및 제기차기, 딱지치기 투호 던지기, 저녁 공연, 저녁 풍등날리기, 캠프파이어, 외갓집 포장마차

2. 한드미 마을 http://handemy.org

1) 10대 마을 자랑

가. 소백산 자락에 위치한 단양 한드미 마을은 신선한 바람이 있다.

나. 산천어와 벗하는 깨끗한 개울이 있다.

다. 밤이면 하늘 가득 반짝이는 별이 있다.

라. 대자연의 품안에 녁녁한 인심과 늘 편안한 휴식과 훈훈한 인심이 가득하다.

마. 산과 들, 계곡, 천연동굴이 한데 어우러져 있다.

바. 다양한 체험프로그램으로 유익하고 즐거운 여행을 선사한다.

사. 농사체험, 산촌체험, 생태체험, 음식체험을 할 수 있다.

아. 농민들의 정성이 깃든 깨끗하고 맛 좋은 곡식과 열매들이 자라고 있다.

자. 전통체험관, 친환경 재료로 지은 산촌문화관과 방갈로, 쉼터 등이 있다.

차. 자연 친화적인 삶을 실천하며 살아가는 마을 사람들이 있다.

2) 마을체험

  가. 공예체험

    * 대나무 피리 만들기, 허수아비 만들기, 대나무 활 만들기, 연 만들기, 꽃 두드리, 비누 만들기, 청사초롱 만들기, 짚풀공예, 요술풍선 만들기, 새총 만들기 등

  나. 놀이체험

    * 명랑운동회, 협력활동, 에코티어링, 레크리에이션, 캠프화이어, 흙 놀이 등

  다. 생태체험

    * 우마차타기, 소백산등반, 온달동굴체험, 경운기타기, 별자리 이야기, 산촌 이야기, 생태비누 만들기, 천연 세제 만들기, 천연 모기 퇴치제 만들기 등

  라. 먹거리체험

    * 인절미 만들기, 메밀국수 체험, 곶감 만들기, 식초 만들기, 김치 만들기

  마. 전통놀이 체험

    * 각종 전통놀이

3. 임실치즈 마을 http://cheese.invil.org

1) 마을 자랑

치즈마을이 모습을 갖추기까지는 벨기에 출신 디디에세스테벤스(한국명 : 지정환) 신부님과 심상봉 목사님, 이병오 이장님과 같은 선구자와 주민들의 밤낮없는 노력이 있었기에 가능했다. 1966년 지정환 신부님이 산양 두 마리를 키우면서 치즈 만들기를 시작하였고, 느티나무로 마을가꾸기를 한 결과 '느티마을'로 불리다가 마을총회를 통해 '치즈마을'로 개칭하게 되었다.

가. 도심과의 접근성이 우수한 마을이다.

나. "한국치즈의 원조 임실치즈"의 뿌리를 가진 마을이다.

다. "사람이 꽃보다 아름다운 치즈마을"이란 테마가 있는 마을이다.

라. 더불어 사는 사회를 꿈꾸며 바른 먹거리와 아이들의 미래를 먼저 생각하는 사람들이 모여 사는 마을이다.

마. 작지만 소박한 꿈으로 마을주민들이 합심하여 치즈마을을 가꾸어 가고 있다.

바. 치즈낙농체험과 흥겨운 농촌체험을 할 수 있다.

2) 참여 원칙

가. 치즈마을 사업운영규칙 준수(2006년 11월 제정)

나. 치즈마을 품질관리규약 준수(2007년 12월 제정)

3) 목표
 가. 연간소득 1억 원 30농가 만들기 마을
 나. 함께 스스로 만드는 복지마을 실현

4) 운영 방법
 자주, 자립, 협동의 제2의 신용협동조합 운동(MC)

5) 운영 원칙
 가. 생산은 기본 = 농심을 지킨다.
 나. 가공은 창조 = 부가가치 극대화
 다. 유통은 감동 = 물품이 아닌 인품을 판다.

6) 마을 체험
 가. 윷가락치즈가락
 나. 6가지 체험나들이
 다. 라지피자 만들기체험
 라. 미니피자 만들기체험
 마. 치즈농촌체험
 바. 치즈마을 모짜렐라체험

4. 프랑스 농촌체험마을

 프랑스 농촌관광은 1950년대 말 전통주택 및 농촌유적을 보전하기 위한 사회운동에서 출발해, 프랑스 농업을 둘러싼 내외적 환경변

화와 농촌공간에 대한 사회적 요구에 대응하면서, 양적 질적으로 높은 수준의 새로운 서비스 활동영역을 창출해 왔다. 2000년대 초 유럽의 농업 강국인 프랑스농업은 GDP대비 2%를 하회하고 있었으나, 농촌관광분야 총매출은 GDP 대비 1.4%에서 상향곡선을 그리고 있으며, 관광 총매출의 20~30%를 농촌 관광부문이 담당하고 있다. 자발성에서 출발한 운동이 무시 못할 지역관광 서비스시장을 창출한 것이며, 농촌 관광부문은 '상업 활동'과 '농업 활동'의 중간 쯤 되는 영역에서 나름대로의 법적 지위를 가지고 영위되고 있다.

대중관광이 블루투어(여름철 해안관광)에서 화이트투어(겨울철 산촌의 스키관광)로, 이어 그린투어(봄, 가을철의 농촌공간)로 전환되면서 프랑스 농업은 오랜 역사를 가진 '중농주의'의 철학적 기초 위에 농촌관광이라는 서비스농업활동을 착실히 준비해 왔다. 1960~70년대 농촌지역의 은퇴자를 중심으로 민박 활동에서 출발해, 1980년대 농업정책이 후퇴하던 시기에는 농업인들이 경영다각화의 차원에서 체험활동 등을 중심으로 서비스 영역을 다각화했으며, 1980년대 말 농촌관광 활동이 새로운 법적지위를 얻은 이후로는 교육농장, 캠핑, 레저스포츠 등 새로운 사업 영역이 개발되고, 지역관광의 한 축을 담당하면서 오늘에 이르고 있다.

가. 1936년 유급휴가제도로 농촌체제형 관광이 보급
나. 1971년 지트 드 프랑스 등의 단체 주축으로 '농촌관광진흥센터'가 설립되어 농촌관광 정착
다. 지트 드 프랑스 등에 가맹한 민박은 엄격한 품질 유지 관리

라. 지방정부가 농가민박에 대한 자금 및 세제 혜택 등 지원
마. 농장에 있는 주택 개조 및 신축 시 보조금 지원, 주민세, 부가가치세 등 감면
바. 총 농가의 3.5%(약 2만 호)가 농촌체제형 관광에 참여
사. 프랑스민박은 유유자적이 기본, 농가레스토랑에서의 식사, 포도주시음, 우유짜기, 포도주치즈 등 구입, 사이클링 승마 등

5. 독일 농촌체험마을

독일농업협회(DLG)는 민박상품을 규격화해놓고 있다.

지역별로 들쭉날쭉하지 않고 균일한 서비스를 할 수 있도록 협회차원에서 아우르는 것이다.

그 바탕 위에서 승마장, 자동차 야영장과 온천, 박물관 등 다양한 프로그램을 운용한다.

가. 1960년대부터 아름답게 가꾼 마을에 대한 농촌관광 홍보실시
나. 농업조건이 불리한 바이에른 주에서 100여 년 전에 실시
다. 연방정부, 지방정부, 독일농업협회가 협조하여 '농촌에서 휴가를' 사업추진
라. 독일농업협회는 품질보증마크를 만들어 엄격한 농가민박 심사
마. 농가민박에 대해 보조금 및 저리금융자금 지원
바. 총 농가의 2.6%(바이에른 주 중심으로 2만 호, 주로 낙농가) 참여
사. 자연, 식사, 술, 문화접촉이 기본이며 지역 전체를 매력 있는

민박지역으로 바꾸며 네트워크화로 여가 체험 메뉴의 다양화

6. 영국 농촌체험마을

영국에는 농가휴가협회가 있으며, 이곳에서 전국의 민박을 네트워크로 연결해 마케팅을 대신 해 준다. 1983년 설립돼 현재에 이르고 있다.

민박농가는 건물을 새로 짓는 것이 아니라 시골의 전원경관, 생활풍습, 마을주민의 친절한 서비스 등을 상품화하는데 역점을 둔다.

가. 농촌 근대화과정에서 식품 공급과정 및 농산물 가격하락에 대등한 농사소득 증대를 위한 경영 다각화 일환으로 1980년대 후반부터 추진

나. 농촌의 레크리에이션 진흥이 농업경쟁력의 새로운 목표가 됨

다. 1983년에 주민 스스로 농장휴가협회를 조직하여 '농가에서 체류' 안내

라. 숙박시설에 등급을 부여하고 시설, 서비스 품질관리

마. 전통적인 농촌경관 복원 시 '전원지역 스튜워드십(관리)'을 도입하여 보조금 지급

바. 농업경영다각화 참여 시에도 농산물가공판매, 식당, 숙박시설 등에 보조금 지급

사. 총 농가의 1.4%(1만 4천 호)가 민박, 오토캠핑상품, 농가체제형 농촌관광업 운영

아. 수입 증가로 인한 새로운 시설 확충

자. 전원산책, 낚시, 고성 및 교회순례, 전통농업 부활체험 등이 주류

7. 일본 농촌체험마을

 일본의 경우 1990년대 중반 기존의 마을가꾸기와 접목해 진행됐다. 사람과 사람의 직접적인 접촉과 농사체험기회를 제공해 농촌을 이해시키고 도·농교류를 촉진시킨다는데 주안점을 뒀다. 일본의 그린투어리즘은 1992년 농림수산성 내 그린투어연구회가 만들어지면서부터 본격화됐다. 이후 대상 농가가 선정되고 수준에 따라 등급을 매겨 정부의 지원을 차등화했다. 지역특성에 따라 농산물과 도자기, 공예품 등 문화상품을 연계하는 농촌체험관광을 개발했다.

가. 1993년에 '농산어촌에서 여유 있는 휴가를' 사업 창설
나. 국토종합개발계획의 일환으로 도농교류사업 추진
다. 농림성, 건설성, 자치성 등 각 부처에서 경쟁적으로 추진
라. 농산어촌여가활동을 위한 도시와 농촌교류 및 팜인 등 녹색관광 활동 전개
마. 농촌관광시설은 중앙, 지자체가 공공기관 단체 등에 지원
바. 농가에서 농작업, 농산물 가공, 향토음식 맛보기 등 체험

 사례) 농촌체험마을가꾸기 추진

빗돌배기 감미로운 단감마을

다감농원 http://www.idangam.co.kr,

감미로운마을 http://www.sweetvillage.co.kr

1. 마을 기본현황

1) 마을 대표 - 성명 : 강○○

2) 마을현황

마을인구 현황	마을 가구수(호)			마을 인구수(명)		
	계	농가	비농가	계	남	여
	21	20	1	65	32	33
체험마을 참여인원	19	18	1	61	31	30

3) 마을 조직

가. 감미로운 단감마을

나. 운영위원회

다. 부녀회 - 식사, 숙박

라. 청년회 - 농촌체험, 시설유지

마. 농촌교육농장 - 농촌교육운영

바. 영농조합법인 좋은 예감 - 특산물 생산, 가공, 유통

4) 다양한 지역특산물

가. 친환경 딸기

　나. 유기농 메론
　다. 명품 단감
　라. 친환경 참외
　마. 무농약 수박

2. 농촌 체험관광 기반 여건
　1) 마을 환경
　　가. 자연경관 - 황금 들녘, 백년 단감나무, 빗돌배기 자연연못, 마을 입구에서 바라본 전경, 친환경 단감나무 단지
　　나. 마을조경 - 코스모스길, 와인 체험장, 교육장 전경, 마을 전경, 숙소 정원
　2) 체험 휴양 관련시설
　　가. 숙박시설 - 쾌적한 스틸하우스 펜션, 색소폰 연주와 함께하는 음악이 흐르는 집, 전통 향토방, 체험관 숙소, 숙박시설 내부
　　나. 식당 - 체험관 식당, 체험관 식당 식사시간, 야외식당, 야외식당 식사시간
　　다. 체험시설 - 딸기수확 체험장, 자두 수확 체험장, 전통 쌀과자 만들기, 단감 따기 체험장, 자연연못 생태 체험장, 미꾸라지 잡기 체험장, 수박 따기 체험장, 친환경 습지 논농사 체험장, 멜론 따기 체험장, 국궁 체험장, 창포 머리감기 체험장, 다양한 전통놀이 체험장, 전통떡 만들기 체험장

3) 위생 및 편의 시설

　가. 화장실 및 샤워장 벽화

　나. 화장실 및 샤워장 외부

　다. 샤워장 내부

　라. 화장실 내부

　마. 마을 안내도

　바. 마을 입간판

　사. 시설물 안내판

　아. 체험시설물

4) 보험가입 유무 및 주민의식

　가. 체험마을 보험가입증서

　나. 체험객을 위한 마을주민 정기적인 마을길 청소 실시

3. 지자체 협력관계, 체험프로그램 운영 및 고객관리

1) 정부, 지자체 및 기타 기간에서 지원한 사업 현황

사업명	지원부처 (기원기관)	사업 기간	사업비(천원)				주요 사업내용
			보조			자 부담	
			국비	지방비	민간지원		
팜스테이 마을	농협 중앙회	07.6~ 09.10	20,000			75,000	황토방 준공
녹색농촌 체험마을	농림수산 식품부	09.1~ 09.6	100,000	100,000			체험시설, 숙소, 컨설팅
농촌교육 농장	농촌 진흥청	09.1~ 09.5		25,000			컨설팅, 기자재 구입, 야외교육 관 준공

2) 빗돌배기 감미로운 단감마을 습지 농경지 문화 축제
마을소개, 식전 행사(부채춤), 모심기, 벼베기
3) 서비스 수준 및 주민의 친절도에 대한 홈페이지 댓글
- 농촌체험 후기 참조
4) 타 마을과 차별화되는 대표 체험
국궁, 단감 다종체험, 제트모터 타기, 마을 문화체험, 단감 와인 가공

4. 농어촌 관광 활성화를 위한 마을 홍보 현황

1) 마을 홈페이지
다감농원 http://www.idangam.co.kr
감미로운마을 http://www.sweetvillage.co.kr
2) 마을 홍보 리플릿
3) TV·홍보: 인터넷 홈페이지, TV, 라디오, 언론(종합지)
4) 마을 브랜드 : 백화점 유기매장, 백화점 명품관, 단감 가공 브랜드

5. 농어촌 체험마을 운영효과

1) 마을 이용객수

일자	A('08.1.1~'08.12.31)				B('09.1.1~'09.12.31)			
구분	계	농촌체험, 교육, 견학 등			계	농촌체험, 교육, 견학 등		
		당일	숙박	기타		당일	숙박	기타
	6,175	4,075	986	1,114	10,243	7,315	1,364	1,564

2) 마을 소득 향상을 위한 농촌체험 등 매출액

일자	A('08.1.1~'08.12.31)					
구분	계 (천 원)	숙박	식사 (음식)	체험프로그램 운영	농산물 특산물 판매	기타
	147,584	11,823	23,458	32,974	79,329	15,874
일자	B('09.1.1~'09.12.31)					
구분	계 (천 원)	숙박	식사 (음식)	체험프로그램 운영	농산물 특산물 판매	기타
	315,905	22,682	36,846	52,354	180,168	23,845

3) 회계관리 현황

회계프로그램, 입출금 통장

4) 마을 고용 효과

1차 농산물 선별 작업, 2차 농산물 가공, 3차 유통 판매, 4차 농촌관광

6. 지역자원연계

1) 체험마을 간 네트워크 협의회 가입 여부 및 활동내용

체험마을협의회	활동내역
마을해설사	마을해설가 교육 및 워크숍
경남체험마을	체험지도사 교육/체험마을 워크숍
농촌교육농장	교육농장 워크숍
주남생태가이드	람사르봉사 활동 및 생태체험지도

2) 지역자원을 활용한 체험마을 간 연계프로그램 개발 및 운영

프로그램명	기간	활동내용	성과
주남저수지 철새탐조	08. 6~현재	주남 저수지 투어	환경보존의 중요성 교육
주남 원어민 영어 캠프	08. 6~현재	외국인 영어캠프 마을 투어 및 식사	외국을 방문하지 않아도 간접적인 외국 문화 체험 가능
창원환경동아리 4H회 친환경 모내기 체험행사	08. 2~현재	모심기, 논매기, 늪과 습지 생태조사, 벼베기 등을 통하여 지속 가능한 농사 이해	쌀의 생산과정을 알 수 있다.
람사르 코리아 생태교육	08. 3~현재	다양한 생태식물 관찰	다양한 생태식물 관찰을 통한 환경의 중요성 인식
단감와인 가공 개발 (단감연구소)	08. 4~현재	지역 특산물인 단감을 활용한 가공식품 개발	와인가공을 통한 와인공정 교육 및 농가 소득증대

7. 타 마을과 차별화된 마을의 장점

1) 한국 농업의 전통과 역사성을 보여 주는 백년 단감 단지
2) 옹애함으로 이루어진 맷돌배기 자연 연못
3) 교육을 통한 선도 농업인 구축
  가. 부녀회장
  나. 사무국장
  다. 위원

　　라. 유통 실장
　4) 마을 법인을 통한 생산(1차), 가공(2차), 유통(3차)산업을 통한 문화(농촌체험, 교육, 관광)산업으로 발전
　가. 1차 산업(생산)
　　① 명품 단감
　　② 무농약 수박, 단감
　　③ 유기농 메론
　나. 2차 산업(가공)
　　① 와인 개발
　　② 감잎차, 감식초
　　③ 단감 화장품
　다. 3차 산업(유통)
　　① 현대백화점 명품관 및 유기매장
　　② 인터넷 직거래
　라. 1사 1촌
　　① 현대 모비스
　　② 삼성 테크윈
　　③ 신세계 백화점 외 다수
　마. 문화 산업
　　① 농촌교육농장
　　② 녹색 농촌 체험 마을
　　③ 팜스테이 마을

●농촌체험관광해설사●

〈농산물 판매 유통〉

1. IT 활용한 직거래 판매
2. 대형백화점 입점(2004년)
3. 친환경 유기매장 입점(2007년)
4. 조각과일 판매(2008년)
5. 농촌체험을 통한 직거래
6. 1사1촌 도농교류 활동을 통한 대량 판매 등

제8장
농촌 민박

● 농촌체험관광해설사 ●

1 농촌 민박의 개념

농촌의 민박은 일반적으로 도시 또는 타지역 농어촌사람들이 농촌 가정에 숙박하면서 농촌생활을 체험하고 그 지역사람들과 교류하며 전원경관을 즐기는 등의 여가 활동.

농촌이 가지고 있는 자연 문화 자원을 활용하여 도시와 농촌주민 간의 교류를 통해 소득 증대의 농촌 활성화를 도모함.

농촌 민박은 농촌주민이 주체가 되어 소규모 투자로도 다양한 파급효과를 얻을 수 있다는 점에서 지속적인 농어촌개발을 촉발하고 유치하도록 하는 유용한 수단이 될 수 있음.

농민들이 소규모 투자로 실질적인 소득을 올릴 수 있으며, 민박 경영을 통해 주민들의 역량을 강화한다는 점에서 농촌 활성화의 대안으로 손꼽히고 있음.

2 농촌체험 관광의 숙박 형태

1) 프랑스 민박 지트(Gite)

(1) 프랑스 민박 지트(Gite)의 역사

프랑스의 농가민박은 1951년, 제2차 세계대전 직후 피폐화된 프랑스 농촌의 현실에 탄식하던 상원의원 Emile Aubert에 의해 알프스 하류지역의 한 농가를 시작으로 농촌 되살리기 운동이라는 모토 아래 시작되었다. 제2차 세계대전 이후, 농촌의 이농화 현상과 침체된 농촌지역의 개발과 활성화에 초점을 맞추고 우선적으로 농촌을 찾는 사람들에게 농가를 개방하면서부터 시작되었다고 볼 수 있다.

1951년에 그 첫 단추를 꿰면서 4년 후인 1955년에는 농가 146개가 문을 열면서 Emile Aubert를 초대 회장으로 추대, 공식적인 농가민박 시스템을 갖춘 프랑스 국립 지트 연맹, 일명 '지트 드 프랑스(Fédération Nationale des Gîtes de France)'를 발족하였다. 여섯 개 지자체에서 146농가를 시작으로 문을 연 지트 드 프랑스는 2년 후인 1957년, 30여 개의 지자체가 참여하여 600여 개의 농가가 지트 드 프랑스라는

● 농촌체험관광해설사

이름을 갖게 되었다. 1969년에는 농가 내에 방을 빌려주는 샹브르 도트(Chambres d'Hôtes)를 도입하고, 1970년에는 그르노블의 '이제르(Isère)'라는 꼬뮨(읍, 면과 같은 최소 행정구)을 시작으로 예약시스템을 도입하였다. 1973년에는 아이들을 위한 숙박과 체험을 곁들인 지트 당팡(Gîtes d'Enfants) 제도를 도입하고, 1998년에는 지트 드 프랑스의 공식적인 사이트인 www.gites-de-france.com을 오픈하고 고객이 직접 민박집의 상황을 둘러보며 예약할 수 있는 시스템으로 구축하였다. 50주년을 맞은 2005년 지트 드 프랑스는 현재 5만 5천여 개에 달하는 갖가지 형태(단순민박, 체험형 민박, 농가민박, 단체민박, 테마별 민박 등)의 지트가 운영되고 있으며, 해마다 2,500~3000개가량의 지트가 새로이 문을 열고 있는 추세다.

현재 지트 드 프랑스에 가입된 농가만도 4만 5천여 가구나 되니 프랑스 지트연합회는 이토록 활성화된 프랑스의 지트를 위해 600여 명의 풀타임 고용인이 파리에 있는 지트 본부를 비롯하여 전국 95개의 지트 드 프랑스 지부에 근무를 하고 있으며, 이들은 지트 드 프랑스라는 라벨을 부착한 숙박시설과 운영자를 철저히 관리해 나가고 있다.

  2010년 현재 프랑스 지트연합회의 개발부 부대표로 있는 필립 꼬아두르(Philippe Coadour)는 프랑스의 지트협회의 성공요인은 철저한 관리와 질 높은 품질관리를 첫째로 꼽고 있다고 한다.

  지트협회에 등록되어 지트 드 프랑스라는 라벨을 부착한 농가에 대해서는 4~5년에 한 번씩 정기 점검을 통해, 엄격한 품질관리(서비스, 내부시설, 안전관리, 위생문제, 실내 및 외관 경관 상태, 갖가지 체험 형태 등)를 실시하고 있으며, 정기 점검 이외에 방문객의 불만이 접수되는 농가에 대해서는 즉시 수시점검에 들어가 조치한다.

(2) 운영방법

① 지트의 주요 목적은 낡은 주택의 보존 관리, 농촌인구의 다른 지역으로의 유출 방지, 싼 값에 질 좋은 숙박 제공, 해당지역의 문화보존 등을 통한 녹색관광으로 소득증대를 꾀하고 있음.

② 지트본부에서는 국내외 홍보활동, 안내서 발간 및 배포, 민박 예약시스템 운영, 민박 경영자 육성 프로그램 운영, 민박의 품질관리 등을 수행.

● 농촌체험관광해설사 ●

③ 프랑스 정부에서는 민박을 신청하는 농가에 대해 저리 융자를 제공하거나 세제상의 혜택을 주고 있음.
④ 민박시설에 대해서는 건설비의 30~35%를 보조해 주며 소득세, 부가세, 가치세, 주민세 등을 면제하거나 감면해 주고 있음.

(3) 지트 연맹의 5유형의 민박 형태

구분	내용
독채 대여형	가족 단위 및 소규모 단체가 휴가를 보낼 수 있도록 농가를 독채로 대여하는 숙박시설 형태
객실 대여형	아침식사와 객실을 제공하며 국내인보다는 외국인 이용 비율이 높은 형태의 민박 시설
아동용 민박	농가에서 4세 이상의 어린이를 대상으로 방학 중에 운영하며 연령별로 유형이 세분화되었음.
농가 캠핑장	농가의 부지, 주변의 산림 등에 캠핑장을 마련하여 숙박시설로 이용하는 형태이며 가격이 매우 저렴함.
간이 단체민박	2층으로 이루어진 민박 형태로 2층은 객실로, 1층은 공동시설 및 편의시설로 이용되는 민박 형태.

2) 이탈리아 농촌휴가법

이탈리아에서는 농촌관광을 Agriturismo라고 한다. 이탈리아는 1985년에 '농촌휴가법(agriturismo vacation law)'을 제정 운

영하고 있다.

 이탈리아의 농촌관광은 1950년대에 시작되면 1970년대까지는 그 규모가 작아 별로 이득이 없었다. 따라서 농촌에서 살기가 각박해지자 농민들이 도시로 진출하는 등 농촌이 피폐해져 가는 양상을 보였다. 그러나 이탈리아는 유구한 전통문화와 문화재 등이 즐비하다는 사실을 뒤늦게 인식하기 시작했다.

 1985년이 돼서야 이탈리아 정부는 농촌휴가법을 제정해 도시처럼 수많은 건물을 짓는 대신 농촌의 자연을 다시 복원하기 시작한 역사를 가지고 있다.

3) 독일의 민박

 1960년 후반 바이에른 지방에서 농업을 관광에 접목시켜 관광을 활성화하고자 하는 정책을 처음 시도하면서 농가의 민박사업에 관심을 갖게 됨.

 독일농업협회(DLG)가 독일에서 처음으로 농가의 민박사업에 관심을 갖고 1965년 농가 민박의 품질을 통일시켜 DLG인증 민박을 육성함.

 민박은 이용객 위주의 숙박형태와 레저형태의 민박으로 발달하게 되었음.

● 농촌체험관광해설사

〈독일의 숙박형태〉

공동사항	안전성 중시, 농장의 전체적 농장 고유의 여가시설 및 주위 환경을 평가함.
객실형 민박	객실, 라운지, 급식시설, 화장실
벌채형 민박/리조트 하우스	침실, 거실, 주방, 화장실 등을 평가 항목으로 지정하고 있음.
야영장	주변 환경, 휴게소, 취사장, 세탁시설, 화장실
이동용 숙박시설	침실, 라운지, 놀이터, 급식시설, 위생시설

4) 영국의 민박

영국은 농촌휴양지계획과 농촌경관관리제도를 시행하여 농가 민박에 참여하는 농촌에 농촌경관을 보존하는 명목하에 정부지원의 보조금을 지급함.

영국의 농가 민박은 소규모 민박을 중심으로 숙박형과 식사형이 발달되어 있음.

대부분 민가 농가는 농촌 고유 모습을 보존하기 위하여 건물을 신축하지 않고 있는 그대로 시골의 생활이나 문화, 역사적 유산, 풍경, 마을주민의 환대 등을 관광 상품화하고 있다는 점이 프랑스와 독일의 예와는 다른 면이 있음.

영국의 민박 운영 형태는 다양한 민박 종류보다는 농가의

일손을 줄이기 위하여 침대와 아침식사만을 제공하는 민박이 주류를 이루고 있다.

〈영국의 팜 할리데이(Farm Holiday, UK)〉

원래 아주 작은 여러 농장들이 서로 합쳐, 버려진 황폐한 땅을 개간하고 서로의 이익을 창출하기 위해서 결성된 것이 팜 할리데이의 시초이다. 팜 할리데이의 하나인 '할리데이 팜'의 경우 농산물 생산 판매는 물론 산악자전거 경주대회 개최 등 다양한 이벤트를 시행하며 농촌과 도시민을 이어주며 농외소득도 창출한다.

영국은 1970년대 전반부까지는 주로 B&B(Bed & Breakfast)라는 민박의 형태가 주를 이루다, 1970년내 후반기에 들어 이른바 휴가사업(Holiday Biz)이 증가하면서 단순히 잠자고 먹고 자연을 즐기던 것에서 한층 발전하여 오토캠프, 각종 이벤트, 특산품 생산 판매 등 다양한 형태의 농촌자원을 이용하는 사업으로 전환하게 됐다.

이에 따라 영국 전역으로 이러한 휴가사업이 퍼지면서 1983년 농장휴가협회(Farm Holiday Bureau)가 결성됐고 이 협회의 회원은 같은 상표로 공동 마케팅을 하기도 하고 같

●농촌체험관광해설사

은 데이터베이스를 활용하는 등 1992년 회원수는 1021개에 이르게 됐다.

  협회에서는 회원들을 위한 자문, 정보제공, 공동 마케팅을 위한 각종 전시회의 기획, 연수회 개최, 지도, 주택 및 농장 사진, 연락처, 시설 등급, 시설 이용법 등 갖가지 내용을 총 망라해 일반인들에게 제공하며 해당 지자체에서도 이를 적극 지원하고 있다.

〈영국의 농촌관광 숙박업의 종류 및 운영 형태〉

명칭	운영 형태
Hotel	- 일정 수의 침실, 식당, 바(Bar)를 갖추고 있는 숙박시설 - 농민이 자신의 농지 내에 소규모로 Hotel을 운영하는 경우도 있음.
Pubs and Inns	- 호프집과 유사한 형태의 사업인 Pub을 주 사업으로 하면서 여행객들을 위한 숙박을 제공하는 형태 - 농민이 경영하는 경우는 거의 없음.
B&B (Bed and Breakfast)	- 영국 관광업에서 가장 일반적인 형태의 숙박시설 - 농민들이 농장 내에 본인이 거주하는 건물의 일부나 독립된 건물을 개조해서 운영하기도 함. - 숙박과 아침을 제공하며, 저녁식사를 판매하기도 함. - B&B 사업에 대한 침실 수의 제한과 같은 규정은 없음.
Self-catering cottage	- 콘도와 유사한 형태의 숙박시설

	- 여행객이 직접 음식을 만들 수 있는 주방과 침실을 제공함. - 주방을 투숙객이 공동으로 사용하는 소규모도 있음. - 농민 등이 농장 내의 독립된 건물에 주방과 침실을 설치하는 경우도 있고, 본인들이 거주하는 건물의 일부를 개조하는 경우도 있음. - 주로 1주일 단위로 계약을 하지만 최근 그 수가 늘어나면서 2박 정도로도 사용이 가능함.
Farm accommodation	- 일반적으로 농민들이 자신의 농장 내에 설치하는 B&B와 self-catering cottage를 포함하는 명칭
Hostel	- 침실보다는 침대를 제공하는 숙박시설. 즉, 한 침실에 최소 2~3명의 투숙객이 숙박을 함. 가족용 침실을 제공하는 경우도 있음. - 아침이나 저녁은 별도의 비용을 지불해야 함. - 농민들이 운영하는 경우도 있으나 일반적인 형태는 아님.
Camping site	- 텐트를 사용하는 여행객을 위한 시설 - 장소 제공과 함께 주변에 세면, 주방, 전기시설 등을 갖추어야 함. - 농민들이 농장 내에 시설을 설치하기도 함.
Caravan park	- 본인들의 Caravan을 갖고 여행하는 사람들에게 장소와 세면, 전기시설을 제공하는 경우와 Caravan을 설치하고 여행객에게 임대하는 경우의 두 가지가 있음. 통상 두 가지를 겸하는 경우가 많음. - 농장 내 설치를 위해서는 토지용도 변경에 대한 허가를 받아야 함.

5) 한국의 농가민박 현황

(1) 1970년대 대규모 시설을 투자하여 건설하였으나 다양해져 가는 소비자들의 욕구를 충족시키기에는 한계가 있음.

(2) 1980년대 농외소득차원에서 관광농원을 개발하고, 민박마을을 유치, 휴양단지조성사업이 도입되었으나 시설투자 위주로 벗어나지 못하고 중도에 유명무실화됨.

(3) 프로그램 부재, 마케팅 활동의 부실, 관광자원 네트워크 부재 등으로 인하여 효과를 얻을 수 없었음.

(4) 당시 관광농업은 식당 및 숙박 위주의 운영으로 일반식당과의 차별화가 미흡.

(5) 시설 이용에 있어서도 여름 휴가철에 국한되어 있었던 것이 실패요인이 됨.

3 숙박시설의 형태

1) 농촌 숙박시설의 문제점

(1) 2002년부터 양적 확대로 많은 민박 시설이 생겨났지만 질적으로 도약하는 단계까지는 이루지 못하고 있는 실정이다.

(2) 많은 농촌관광지가 개발되었음에도 불구하고 지역적 특성을 살리지 못하였다.

(3) 농어촌 주민들의 의식변화가 이루어지지 못하였고, 막연한 기대의 전망을 가지고 계획했던 부분이 문제점으로 대두되었다.

(4) 농어촌 민박을 운영하기 위하여 기존 건물의 개·보수가 필수적인데 이를 감당할 수 있는 경제적 기반이 부족하다.

(5) 외국의 경우처럼 민박농가를 평가하고 지원하며 교육할 수 있는 단체가 없다.

(6) 지역적 특색과 체험 프로그램의 내용을 보고 숙박의 형태가 이루어져야 하지만, 그렇지 못하고 획일적인 숙박시설 형태를 보이고 있다.

● 농촌체험관광해설사

2) 농어촌 숙박 시설의 형태와 장단점

명칭	내용	장점	단점
농가 민박	대부분의 농가에서 운영할 수 있는 숙박의 형태	도시민들이 농촌의 정서를 느낄 수 있음.	농가의 청결상태 및 화장실 등의 공동시설 사용 불편함을 갖고 있음.
황토방	자연 친화적인 건축을 위하여 자연의 황토로 건축된 전통적인 숙박 시설	도시민들이 안락하게 쉬면서 농촌의 정서를 느낄 수 있고 건강을 고려한다는 느낌을 주게 함.	체험농가 주변에 시설을 새로이 해야 하기 때문에 자금고갈의 어려움을 갖게 됨.
통나무집 (통나무 귀틀집)	산간지대에 적합한 민박 형태	농촌 및 산촌의 정서를 그대로 느낄 수 있음.	지역주민들과 떨어져 있기 때문에 지형에 익숙하지 않은 이용객들에게 문제가 생겼을 경우 어려움을 당할 수 있음.
한옥	우리나라 전통적인 가옥의 형태	도시와 농촌에서 공통적으로 이용할 수 있는 민박의 형태	공통적으로 사용하는 공동시설의 불편함을 갖고 있음.
펜션	현대적인 시설을 고루 갖추고 있는 안락하고 편리한 숙박 시설	도시의 관광객들이 불편함 없이 사용할 수 있는 현대적인 시설물을 갖추고 있음.	농촌과 도시민 간의 위화감을 조성하여 서로 간의 감정을 상하게 할 수도 있음.

4 농촌체험관광과 서비스

1) 농촌체험관광의 개념과 특징

농촌지역의 자연환경, 농업생산물, 문화와 놀이, 농민의 정서와 같은 농촌 어메니티의 가치를 도시민과 농촌 주민 간의 교류를 통해 상업화하는 활동.

대규모 개발이 아닌 지역 자원을 활용함으로써 마음의 접촉, 사람 간의 교류를 중시하는 개발.

2) 주요활동 및 프로그램

(1) 민박프로그램

① 휴양 : 건강휴양/야외휴양/농가 민박 식당 - 차별성
② 교류 : 도농교류/회원제 사업/반짝시장/농산물 직거래
  - 다양성

(2) 체험프로그램

① 학습 : 생태학습/자연학습/동식물 관찰/역사, 문화 학습 - 교육성

② 체험 : 농사체험/농촌문화체험/향토요리체험/레포츠체험 - 오락성

〈서비스의 기본(3S)〉

　가. Smile(스마일) : 항상 웃어라!

　　앞에서 웃다가 돌아서면 굳어지는 당신의 표정이 노출된다면, 당신의 미소는 더 이상 아무런 의미가 없을 것이다.

　나. Speed(스피드) : 신속하라!

　　손님은 기다림에 관대하지 않는다.

　다. Sincerity(성심성의) : 성심성의껏 손님을 응대하라!

　　손님들은 누구나 예의바르고 정중한 태도로 자신을 맞아 주기를 기대한다.

〈농가 민박 운영자의 기본 태도〉

　가. 용모 : 청결하고 단정한 몸가짐, 짙은 화장이나 강한 향수는 피함.

　나. 복장 : 농촌의 정서를 전달할 수 있는 소박한 복장에

청결함 유지.

다. 인사 : 하던 일 멈추고 바른 자세로 인사. 지방색이 돋보이는 인사가 아닌 정감 있는 인사법 개발.

라. 자세 : 손님 응대 시 불필요한 행동이나 소리를 내지 않으며, 주머니에 손을 넣거나 팔짱을 끼지 않는다.

마. 화법 : 손님 체류 시 큰 소리로 개인적인 잡담이나 전화 통화를 하지 않으며, 반말이나 거친 언행 삼가.

바. 손님 사생활 보호 : 손님의 이름을 외부에 발설하거나, 마을 사람들끼리 손님의 이야기를 화제에 올리는 일은 삼간다.

사. 불평 접수 : 손님의 불편함이나 불만을 이야기할 때는 반감을 표하거나 설교하지 않으며, 손님의 이야기를 충분히 경청하고 공감해 준다.

3) 서비스란 무엇인가?

(1) 농촌체험관광 사업을 준비하거나 현재 진행하고 있는 마을의 해가 거듭될수록 늘어가고 있음.

(2) 유사한 시설과 프로그램으로는 급격히 높아지는 도시민들의 기대를 만족하기 어려운 것이 현실임.

(3) 해답은 서비스!

4) 서비스의 유형과 특징

농촌체험에서 중요한 서비스는 '기쁨, 행복, 감동'을 주는 인적서비스이다.

구분	활동주제	특징	구분
물적 서비스	조직활동 (제도, 상품, 환경)	시대변천에 따라 꾸준히 발전	호감하는 농촌민박 쾌적한 농촌마을 분위기 맛 좋은 비빔밥
인적 서비스	개인활동 (대인상호관계)	시대변천에 따라 퇴보 가능성	농촌 주민들의 언행, 배려, 인사, 대답, 미소 상품지식, 신속한 대응 등

〈시간 단계별 서비스 분류〉

　　가. 사전 서비스 : 예약, 정보제공

　　나. 서비스 : 서비스가 판매 진행 중
　　다. 애프터서비스 : 무료배달, 불만처리

〈수준 높은 서비스 5조건〉
　　가. 신뢰성 – 정확
　　나. 반응성 – 신속
　　다. 보장성 – 믿음
　　라. 공감성 – 배려
　　마. 유형성 – 기본적 설비

5) 서비스의 기본

(1) **마음가짐** : 서비스는 물질적인 것을 선사하는 것이 아니라 너그럽고 따뜻한 마음으로 베푸는 것이다.
(2) **표정** : 웃지 않으려면 고객을 대하지 마라.
(3) **인사** : 인사는 서비스의 첫 동작이자, 마지막 동작이다.
(4) **응대 – 첫인상** : 고객은 제일 먼저 자기를 맞이한 사람에게 강렬한 인상을 받는다.
(5) **말** : 대화의 기술을 익히면 판매가 보인다.
(6) **전화통화 요령** : 내가 전화를 받는다는 것은 그것이 어떤

● 농촌체험관광해설사 ●

용건이든지 친절히 받아야 한다.

(7) 불평처리 : 꾸짖는 고객을 보면 보석이 있는 곳을 가르쳐 주는 사람으로 생각하라.

   * 부드러운 눈으로 바라볼 것 → 환영의 미소를 띨 것 → 따뜻한 말 한마디 건넬 것.

5 농촌체험관광 운영

1) 농촌체험관광의 자세

(1) 마을주민이 장사치가 되어서는 안 될 것.
  방문객은 몇 명?, 농산물은 몇 개 땄지?

(2) 프로그램 진행 시 방문객을 배려한 따뜻한 노하우가 필요.
  체계가 없이 진행되는 체험프로그램은 치명적임.

(3) 방문객을 대하는 따뜻함, 감성이 발달해야 함.
  무뚝뚝한 성향의 사람은 서비스 역량을 갖추기 위한 감성훈련이 필요.

(4) 방문객이 필요로 하는 것에 눈, 귀가 열려 있어야 함.

타이밍을 비롯한 방문객에 대한 집중, 관심을 한 단계 업그레이드시킴.

(5) 방문객이 원하는 서비스 제공.

성글지만 진심이 담긴 서비스를 제공.

(6) 방문객의 재방문을 높이는데 최선을 다할 것.

다시 찾지 않는 이유는 방문객에 대한 무관심이다.

2) 농가민박 운영

농촌만의 보물을 찾아 방문객들에게 생생한 추억을 만들어 수는 것. 이것이 농존체험프로그램 서비스의 주안점이다.

(1) 대상에 맞는 프로그램 설명

고객에 대한 사전 정보를 미리 숙지한 후 대응을 하고 관심을 가져라.

(2) 원활한 진행을 위한 철저한 준비

역할과 섭외 상항에 대한 점검을 철저히 해야 인력, 시간 낭비를 줄인다.

● 농촌체험관광해설사 ●

(3) 실패를 전제하라

지나친 결과 기대보다는 배운다는 지혜로 당연히 가져야 하는 과정임.

(4) 나를 쳐다보게 하라

자극이 필요, 퀴즈, 레크리에이션, 게임을 활용.

(5) 내가 최고의 전문가

많은 방문객은 가장 농촌다운 것을 원하고 있다.

(6) 에너지 낭비를 최소화하라 - 분담

제안형 체험 프로그램 운영(시간 배분), 시스템으로 운영(안내판).

(7) 도구를 활용하라

농촌에는 도시에서 경험하지 못한 신기한 물건들이 많다.

(8) 가장 안전한 체험프로그램은 '만들기'

결과물을 집에 가져갈 수 있는 만들기 프로그램 활용.

3) 농산물 판매

　농산물 판매는 농촌체험관광에서 주요 농가수입원이다. 차별화된 마케팅 방법과 아이디어가 더해진다면 농산물 판매는 탄력을 받을 것이다.

(1) 직접 판매와 통신 판매 활용
(2) 더 잘 팔 수 있는 방법을 배워라 - 직접 판매보다는 간접 판매.
(3) 가치부여와 판매 시스템 개선 - 농산물에 이야기를 담아낼 것.
(4) 판촉물을 이용한 판매서비스.

4) 농가식당 운영

　도시민들은 농가식당에서 식사 한 끼를 통해 자연을 먹고, 건강을 먹는다.
　홈페이지는 정보화 시대의 필수적인 홍보수단으로 활용되고 있다.

(1) 친근함을 이용한 서비스 제공(정이 넘치고, 푸근하고, 편안한 분위기).

(2) 장삿속을 뺀 서비스가 고객을 감동.

(3) 지역의 맛으로 승부를 걸어라.

(4) 청결 우선.

(5) 음식 + 배려의 정성.

(6) 고객의 충성심을 유지(할인 쿠폰, 온라인 동호회 활동, 오프라인 미팅).

(7) 인터넷 서비스의 신속성 유지.

(8) 마을의 정체성을 세련되게 반영한 디자인.

(9) 추억을 담은 마을 홈페이지.

6 농어촌체험과 휴양마을 사업자의 지정

1) 농어촌체험과 휴양마을 사업자 성격

농어촌체험과 휴양마을은 현재 정부에서 지원하여 추진된 녹색농촌체험마을, 어촌체험마을 등의 '농촌관광마을'과는 성격이 다르다.

기존 정부지원에 의해 추진된 관광마을이라 할지라도 농어촌체험, 휴양마을을 운영하는 사업자가 되려면 소정의 요건을 갖추고 법에 규정하는 지원 절차에 의해 사업자 선정을 받아야 한다.

* 법률 – 도시와 농어촌 간의 교류촉진에 관한 법률.

'농어촌체험, 휴양마을사업자'란 법 제5조에 따라 농어촌체험, 휴양마을사업을 운영하는 자로 지정을 받은 마을협의회를 의미하며, 법인으로 보는 단체의 성격을 지닌다.

2) 농어촌체험과 휴양마을 사업자의 지정 요건

마을의 자연환경, 전통문화 등 부존자원(賦存資源)을 활용

● 농촌체험관광해설사

하여 도시민에게 생활체험·휴양공간 프로그램을 제공하고 이와 함께 지역 농림수산물 등을 판매하거나 숙박 또는 음식 등의 서비스를 제공하는 할 수 있는 마을로 마을 전체 가구 3분의 1 이상 농어촌 체험, 휴양마을사업 추진에 동의하는 마을.

〈지정신청 시 제출 서류〉

가. 사업목적, 대표자, 구성원의 자격과 가입·탈퇴 및 제명에 관한 사항 등이 포함된 규약 또는 정관

나. 사업계획서

다. 각 마을 전체 가구 3분의 1 이상 또는 어촌계 구성원 과반수의 동의서

라. 그밖에 농어촌체험·휴양마을사업자의 참여 범위 등 대통령령으로 정하는 지정요건

3) 농어촌체험과 휴양마을 사업자 지정절차

신청서(마을) 제출 ⋯> 〈1호 서식(신청서)〉 ⋯> 처리기관(시·군) 접수 ⋯> 서류검토 확인 ⋯> 지정 결정(공고) ⋯> 〈3호 서식(발

급대장)〉 ⇢ 기록보관관리(시·군) ⇢ 〈2호 서식(지정증서)〉 ⇢ 지정증서 수령(마을) ⇢ 지정내용 개시(마을)

4) 농어촌체험과 휴양마을 사업자의 준수사항

이용자에게 건강상 위해요인이 발생하지 않도록 영업 관리시설 및 실비의 위생적이고 안전한 관리를 하여야 한다.

●농촌체험관광해설사

▶ 고객 방문 전 체크 리스트

	예약서비스 체크 항목	상	중	하	비고
전화 예약	벨 소리가 2~3회 넘지 않도록 신속하게 응대하였는가?				
	친절하고 상냥한 목소리로 인사하였는가?				
	민박의 상호명과 본인의 이름을 밝혔는가?				
	손님의 기본예약 정보를 확인하였는가?				
	중요한 예약정보는 복창하여 재확인하고 메모하였는가?				
	메모지와 펜은 항상 준비되었는가?				
	손님에게 편의시설과 체험활동, 관광지에 대해 친절하게 안내하는가?				
	중요한 예약정보를 재차 확인하였는가?				
	감사인사를 하였는가?				
	손님과의 전화가 끝나면 수화기를 제자리에 놓는가?				
위치 안내	민박의 정확한 주소를 숙지하고 있는가?				
	출발지와 교통편을 물어보는가?				
	찾지 못할 경우 다시 전화하도록 권유하는가?				
예약 변경	기존 예약 내용을 확인하는가?				
	변경 내용을 정확히 접수하는가?				
	변경사유를 확인하는가?				
	감사인사를 하는가?				
예약 취소	기존 예약 내용을 확인하는가?				
	취소 사유를 확인하는가?				
	취소 원인이 민박 측에 있을 경우, 사과 및 대안제시를 하는가?				
	재방문을 당부하고, 감사인사를 하는가?				
예약 불가	예약이 불가능할 경우, 사과의 뜻을 전하는가?				
	대안을 제시하는가?				
	다음을 기약하며, 감사인사를 하는가?				

전화 응대 불가	바쁜 용무로 전화응대가 불가능할 경우, 양해의 말을 하는가?			
	손님의 성함과 연락처를 받는가?			
	성함과 연락처를 재차 확인하는가?			
	연락 가능한 대화시간을 안내하는가?			
	감사인사를 하는가?			
인터넷 예약	예약 정보를 확인하고, 예약 가능한지를 재차 확인하는가?			
	예약 확인 내용을 이메일이나 전화로 알리고 감사인사를 하는가?			

●농촌체험관광해설사

▶ 고객 맞이 준비 체크리스트

		객실 및 주변 체크 항목	상	중	하	비고
객 실	침 구 류	침대보와 베갯잇은 새것으로 교체하였는가?				
		이불솜이나 베갯솜에 냄새가 나지 않는가?				
		침대 스프레드 또는 커버를 삼각으로 접어 놓았는가?				
	화 장 실	화장실은 물청소를 하였는가?				
		화장실에서 냄새가 나지 않는가?				
		화장실바닥은 건조되었는가?				
		휴지는 삼각으로 접어 놓았는가?				
		화장실에 여유분의 휴지가 있는가?				
	휴 지 통	휴지통은 비워 있는가?				
		휴지통에서 냄새가 나지 않는가?				
		휴지통에 이물질이 붙어 있지 않는가?				
	기 타	테이블, 기타 가구에 고장은 없는가?				
		창문, 방문, 현관 잠금장치에 이상이 없는가?				
		방충망에 구멍이 나 있지 않은가?				
		각종 전자제품은 잘 작동되는가?				
		양초나 플래시는 준비되어 있는가?				
		냉장고 안은 깨끗이 비워져 있는가?				
		냉장고에서 냄새가 나지 않는가?				
마당 및 주변정리		마당과 주변은 깨끗하게 정리되어 있는가?				
		위험한 농기구나 농약병이 주변에 널려 있지 않는가?				
		농기구는 제자리에 정리되어 있는가?				
		마당에 쓰레기가 쌓여 있지 않는가?				
비상시 대응책		인근 경찰서나 병원의 연락처는 보유하고 있는가?				
		소화기는 구비되어 있는가?				
		구급약품은 구비되어 있는가?				

구분	점검 내용				
마실거리 먹을거리	마실거리는 시원하게(따뜻하게) 준비되었는가?				
	과일은 깨끗하게 씻겨져 있는가?				
	컵이나 쟁반 등은 깨끗하게 준비되어 있는가?				
물수건	물수건은 시원하게(따뜻하게) 준비되었는가?				
	물수건에서 냄새가 나지 않는가?				
픽업	도착시간, 장소, 인원은 정확히 숙지하고 있는가?				
	차량의 내부와 외부가 청결한가?				
	차 안에 담배냄새 등이 나지 않는가?				
	약속된 시간보다 5~10분 일찍 도착하여 대기하고 있는가?				
명함	손님에게 드릴 명함은 준비되었는가?				
용모 점검	용모는 청결하고 단정한가?				
	두발상태는 단정하고 냄새나지 않는가?				
	화장이나 향수냄새가 너무 진하지 않는가?				
	손톱이 깨끗한가?				
	치아에 고춧가루가 끼지 않았는가?				
	몸에서 땀 냄새는 나지 않는가?				
복장 점검	옷은 청결하고 단정한가?				
	옷에서 땀 냄새는 나지 않는가?				

● 농촌체험관광해설사

▶ 고객 방문 중 체크리스트

손님 맞이 체크 항목			상	중	하	비고
손님 맞이	환영인사	밝게 웃고 있는가?				
		손님과 눈을 맞추며 인사하고 있는가?				
		플러스 한 마디 하는가?				
	손님 확인 및 소개	예약한 손님이 맞는지 확인하는가?				
		본인 소개를 하는가?				
		명함을 건네는가?				
		가족소개를 하는가?				
	짐 거들기	손님이 짐 나르는 것을 돕는가?				
	앉을자리	잠시 앉아 쉴 자리를 제공하는가?				
		손님을 편한 자리에 앉도록 하는가?				
	마실거리 물수건	손님에게 마실 거나 먹거리를 내주는가?				
		물수건을 내주는가?				
투숙 안내	객실안내	방으로 직접 수행 안내하는가?				
		방이 마음에 드는지, 더 필요한 것이 없는지 물어보았는가?				
		객실 내 비품 사용방법이나 주의사항을 알려주었는가?				
		외출 시 잠금장치를 잠그라고 알려주었는가?				
		열쇠를 전달하였는가?				
	시골생활 안내	시골생활에 대한 유의사항이나 안전수칙을 전달하였는가?				
		주위 관광지나 체험거리에 대한 안내를 해 주었는가?				
		안내지도와 안내책자를 전달하였는가?				

▶ 고객 유형별 및 방문 후 체크리스트 (1)

체류 및 환송 체크 항목			상	중	하	비고
체류	문안 인사	아침에 문안인사를 하는가?				
		저녁에 문안인사를 하는가?				
	사생활 보호	입실 시에는 노크하는가?				
		손님의 이름을 외부에 발설하지 않았는가?				
		손님에 관한 이야기나 험담을 하지는 않았는가?				
		손님 외출 시 손님방의 TV를 보거나 화장실을 이용하지 않았는가?				
		손님의 물건에 손을 대지는 않았는가?				
	휴식	큰 소리로 잡담을 하거나 전화통화를 하지 않았는가?				
		거칠고 난폭한 언행을 하지 않았는가?				
환송	퇴실 전후	퇴실 여부를 확인하는가?				
		퇴실 후 객실 및 비품을 확인하는가?				
		손님이 두고 나간 물건이 없는지 확인하는가?				
		열쇠를 돌려받았는가?				
	환송 인사	아쉬운 마음으로 감사인사를 하는가?				
		출차를 돕는가?				
		시야에서 멀어질 때까지 배웅하는가?				

● 농촌체험관광해설사 ●

▶ 고객 유형별 및 방문 후 체크리스트 (2)

		체류 및 환송 체크 항목	상	중	하	비고
서비스 유형별	비즈니스 서비스	인터넷, 팩스. 신문 등을 요청할 경우, 마을회관을 이용할 수 있도록 안내하는가?				
		요청 시, 주인집 유선전화를 이용할 수 있도록 지원하는가?				
	세탁 서비스	주인집의 세탁기를 이용할 수 있도록 안내하는가?				
	식사 서비스	손님의 선호 메뉴를 물어 보는가?				
		인스턴트식품을 제공하는가?				
손님 유형별	유아/ 어린이	씻지 않은 손으로 유아를 만지지는 않는가?				
		어린이들에게 야단을 치거나 큰소리치지 않는가?				
	노인/ 장애인	항상 우선순위로 서비스하는가?				
		노인은 '어르신'으로 호칭하는가?				
	불만 고객	신속하게 사과하는가?				
		손님의 이야기를 경청하는가?				
		손님의 상황에 충분히 공감해 주는가?				
		해결책이나 대안을 제시하는가?				
		재차 사과하고, 개선의지를 표현하는가?				

제9장
농촌체험과 농특산물 상품화전략

1 농특산물 상품화전략

1) 농특산물 상품화의 배경

UR→WTO→FTA로 이어져 오는 과정에서 국내 농촌도 국제적인 시장개방의 직접적인 지배를 받게 되어, 그동안 정부의 농가 소득보전정책이었던 '추곡수매제도' 등 '가격지지' 정책은 더 이상 시행할 수 없게 되었다.

따라서 전통적인 농업생산공간으로만 인식되었던 농촌이 생산, 환경, 정주, 휴식, 여가 등을 포괄하는 종합적 기능을 담당하는 공간으로 탈바꿈할 수밖에 없다.

2) 6차산업과 정부지원 상품화

농업이라는 1차산업과 특산물을 이용한 다양한 재화의 생산(2차산업). 그리고 농촌체험관광 프로그램 등 각종 서비스를 창출(3차산업)하여 이른바 6차산업이라는 복합산업공간으로 변화한다. 정부는 2002년부터 6차산업인 농촌관광 활성화를 위해 각종 지원을 한다.

〈6차산업의 분류〉

    가. 1차산업(농수산업)

    나. 2차산업(제조업)

    다. 3차산업(서비스업)

    라. 4차산업(정보, 의료, 교육)

    마. 5차산업(패션, 오락, 레저)

    바. 6차산업(복합산업공간 – 예 농촌체험관광)

〈지역자원 + 1, 2, 3차산업의 연계〉

    가. 1차 산업 – 포도생산

    나. 2차 산업 – 와인가공, 코르크/병 → 오크통 포장재

    다. 3차 산업 – 와인숍, 음식점 → 숙박업소, 와인 루트관광

3) 농특산물 상품화의 구성요소

2 도농교류사업

1) 도농교류 촉진사업

친환경농업, 자연경관 등을 활용한 농촌체험관광 활성화 도시민의 수요에 맞는 휴양, 체험공간을 조성, 도농교류 거점으로 활용.

2) 농어촌테마공원조성

농업 농촌의 독특한 자원을 이용하여 다양한 형태의 테마공원을 조성하여 농촌주민과 도시민에게 자연친화적인 휴식, 레저, 체험공간을 제공.

3) 신문화 공간조성

정미소, 폐교 등을 리모델링하거나 복원하여 도서관, 전시관 등의 문화공간으로 조성, 농어촌유학시범사업, 팜스쿨시범사업, 도시민 유치지원사업 등.

● 농촌체험관광해설사

3 농촌지역개발사업

1) 목적

농촌마을의 경관 개선, 생활환경정비, 주민소득 기반 확충 등을 통해 살고 싶고, 찾고 싶은 농촌정주공간을 조성하여 농촌에 희망과 활력을 고취함으로써 농촌사회 유지 도모.

2) 농촌지역개발사업의 종류

(1) 농촌 종합개발사업

농림부가 농촌에 활력을 불어넣기 위해 2004년부터 2017년까지 추진하는 사업으로써, 사업권역으로 지정되면 최대 70억 원이 지원된다.

(2) 전원마을 조성사업

농촌지역에 건전한 여가 휴양 및 주거공간을 마련, 도시민과 영농인 등이 서로 도와가며 살 수 있도록 하는 사업이다.

(3) 농촌 주거환경 개선사업

농어촌지역의 생활환경, 생활기반 및 편익시설·복지시설 등을 종합적으로 정비하고 확충하며 농업인 등의 복지를 향상하기 위한 사업이다.

(4) 농촌 테마공원 조성사업

농업 농촌이 가진 독특한 자연 문화 향토자원과 휴식 레저 체험이 한데 어우러진 공간(테마공원)을 조성하는 사업이다.

(5) 농어촌 뉴타운사업

도시에 거주하는 젊은 인력을 농어촌에 유치하여 지역 농업의 핵심주체로 양성하고, 쾌적한 전원형 주택단지를 조성·공급함으로써 농어민의 삶의 질 향상에 사업취지를 두고 있다.

농촌체험관광해설사

4 농촌휴양관광사업

1) 목적: 체험마을, 관광휴양단지, 관광농원조성 등 농촌 테마파크를 건설하는데 목적이 있다.

2) 종류

(1) 녹색 농촌 체험마을

녹색 농촌 체험마을 조성 사업은 친환경 농업·자연 경관·전통 문화 등 부존자원을 활용하여 농업의 부가 가치를 증진하고, 농가 소득 향상 및 농촌 지역의 공동체를 복원하려는데 목적이 있다. 아울러 그 실천 방안으로써 도시민의 여가 수요 증가에 부응하는 체험 및 휴양 공간으로써 농촌 체험마을을 조성하여 도시민의 마을 방문을 유도하고 그 결과 농촌의 소득 증대를 도모하려는 것이다.

(2) 농어촌 관광휴양단지

농어촌의 쾌적한 자연환경과 농어촌 특산물 등을 활용하

여 전시관, 학습관, 지역특산물 판매시설, 체육시설, 청소년 수련시설, 휴양시설을 갖추고 이용하게 하거나 휴양콘도미니엄 등 숙박시설과 음식 등을 제공하는 사업을 시행하기 위하여 시장, 군수, 구청장이 농어촌정비법에 따라 지정하여 고시한 일단의 토지를 말한다.

(3) 관광농원 조성사업

농외소득 증대 방안의 일환으로 1984년 농림부에서는 12개의 관광농원 개발 시범지구를 조성하였으며 그 후 해마다 개발 지구를 추가, 지정하여 자금을 지원해 오고 있다.

5 농촌 활력 증진사업

1) 목적

지역강점을 살린 다양한 유형의 사업촉진

2) 사업

(1) 향토자원개발

● 농촌체험관광해설사 ●

　(2) 지역문화관광

　(3) 지역이미지 마케팅

　(4) 교육인재육성

　(5) 생명건강산업

　(6) 해양수산개발

3) 신활력사업

(1) 목적

　　지역이 주체가 되어 혁신 역량을 키우고, 강점을 발굴, 특화·상품화하여 지역발전을 유도하는 낙후지역 개발방식이다.

　　주민, 지자체, 정부의 혁신역량을 유기적으로 결합하여 지역개발을 위한 인재 육성, 네트워크 결성, 지역산업 육성을 위한 상향식, 지역발전 프로그램(다양한 사업주체들의 공동 참여)

(2) 사업

　　① 사업대상지역 선정 : 70개 시·군

　　　인구·소득·재정력 등 낙후도를 기준으로 하위 30%

시·군 3년간 전체 사업비는 19,986억 원 투자(시·군별 평균 141억 원)

② **지원 기준** : 지역 형편에 따라 매년 19~29억 원 자동 지원

3년마다 대상 지역을 선정하고, 최대 9년간 지원

③ **지원 대상** : 농산물, 특산물, 향토자원(전통자원)

문화, 관광, 지역이미지 마케팅, 생명과 건강, 교육인재 등

4) 향토산업육성사업

(1) 목표

재배, 가공, 관광 및 서비스 산업이 복합 또는 융합되어 부가가치를 창출하는 산업(제천 한방약초, 남원 추어탕 등)

(2) 사업 대상자 : 농업인, 생산자 단체, 향토기업체, 연구 단체 등

매년 공모를 통하여 30개 시·군 선정(중앙 선정)

(3) 지원 수준 : 3년간 30억 원(매년 평균 10억 원, 국고 50%)

(4) 지원 대상 : 1, 2, 3차 산업이 연계되어 복합산업으로 육성 가능한 자원

전통적인 농어업자원, 전래기술, 문화, 관광, 자연자원 등

(5) 향토산업 육성사업 추진사례

남원 추어탕, 무안 백련(국수, 티백, 연잎가루), 제천 한방약초(한약, 인삼, 한방차)

(6) 지역특화자원 사업화의 의미

지역특화자원의 사업화란, 발굴된 지역특화자원 중에서 비교우위자원을 추출하여 해당지역의 특색에 맞는 활용방안 및 사업화방안을 도출하는 것을 말한다. 따라서 지역특화자원은 사업주체의 활용방법과 사업화유형이 다양화될 수 있다.

(7) 지역특화자원의 활용 프로세스

① **조사 발굴단계** : 자원실태조사 및 발굴, 선행연구조사, 경쟁력 평가
② **개발 활용단계** : 향토자원 선정, 인지도 조사, 상품화, 추진체계 등
③ **마케팅 홍보단계** : 목표시장 설정, 차별화 마케팅, 이미지 구축 등

④ 평가단계

대분류	중분류	사업화 유형
원자재 중심형	농산물	고흥유자, 서산마늘, 울주배, 고창수박, 보성녹차, 강화순무, 파주장단콩
	축산물	제주돼지고기, 횡성한우
	수산물	완도전복, 주문진오징어, 기장미역, 장흥키조개, 제주옥돔, 포항과메기, 영광굴비
	임산물	양양송이, 장흥표고버섯, 공주밤, 횡성더덕, 진안홍삼
제조 중심형	원자재 활용법	한산소 곡주, 통영 진주, 진주 실크, 담양군 대나무 산업화, 무안군 백련을 활용한 산업화
	기능성 활용법	오징어의 타우린 성분액, 감의 탄닌산 성분액, 동충하초
	자원기술 복합형	녹차와 EGOG를 활용한 항암제, 카데킨 함유 아토피 연고
서비스 중심형	노하우 (Know-how)형	전주비빔밥, 춘천닭갈비, 남원추어탕, 지리산곶감, 안동간고등어, 한산모시, 천안호두과자
	노웨어 (Know-where)형	땅끝마을, 횡성한우문화촌, 춘양목산림휴양테마파크
	노후 (Know-who)형	홍길동문화콘텐츠사업, 김삿갓문화제, 대전토요어울마당
프로젝트형	상설이벤트형	정선오일장, 진도토요민속여행,
	축제형	함양나비축제, 하동야생차문화축제, 보령머드축제, 진천농다리축제, 왕인문화축제

5) 특화품육성사업

(1) 목표

지역에 고유한 농수축산물을 신기술, 신지식, 신유통 등을 활용하여 타 지역과 차별화된 지역브랜드로 개발

(2) 사업대상

농업인 조직, 생산자단체, 농산물가공업체

(3) 지원자금 사용용도

지역의 특화품목을 브랜드화해서 농가소득을 제고하기 위한 사업(생산, 유통, 가공)지원.

쌀생산물 대체하는 특화작목(연근, 순무 등), 향토자원과 연계되는 품목을 우선지원.

농수축산물을 특화품목으로 지정하고, 육성계획이 수립된 경우.

(4) 지원규모 : 총사업비 20백만 원~1,000백만 원 이내
　　　(시·도 배정)

(5) 특화품목육성사업 추진사례

* 장수군 오미자 : 전통향토식품으로 육성
* 경북 북부(의성 등) : 홍고추 특화작목 육성
* 울릉군 전통한우 : 칡소 특화 육성

6) 지역특화발전특구제도(지역특구)

지역특구는 기초자치단체가 지역경제활성화를 위하여 산업, 문화, 관광 등 지역별 특성을 살려 개발계획을 세우고 이곳에서 생산되는 유형, 무형의 상품을 브랜드화할 수 있도록 정부가 지원하는 제도다.

특구로 지정되면 '지역특화발전특구에 대한 규제 특례법'에 따라 정부로부터 건축물 규제 완화 등 각종 혜택을 받는다.

(1) 충남 예산 〈황토사과 특구〉

① 지정목적

사과 생장에 유리한 자연조건을 가진 사과 주산지로 사과첨단유통환경조성, 사과 가공식품 개발과 관광사업 육성을 통한 농가의 소득증대와 지역발전을 도모

●농촌체험관광해설사●

② 특구 개요

* 위치 : 충남 예산군 신암면 충경리 281-22외 172필지
* 특화사업자 : 예산군수
* 사업기간 : 2008~2012년
* 사업비 : 307억 원(국비 123억 원, 도비 55억 원, 군비 108억 원, 민자 15억 원, 기타 6억 원)

③ 주요 특화사업

* 사과품질 경쟁력 제고를 위한 사과연구실 설치
* 유통환경 조성사업 : 사과유통센터 건립, 사과직거래장터 조성, 인터넷 쇼핑몰 구축, 지리적 표시제 등록
* 사과랜드, 사과체험농장, 사과거리 조성 및 축제 등 관광사업 추진

제10장
마을 리더십 개발

● 농촌체험관광해설사

1 리더십

1) 리더십의 사전 정의

  (1) 리더십(Leadership) = 리더(leader) + 십(ship)
  (2) 배를 목적지에 도달하는 능력
  (3) 지도력, 영도력, 지도성
  (4) 공동의 일을 달성하기 위하여 한 사람이 다른 사람들의 지지와 도움을 받는 사회의 영향의 과정이다. 〈위키백과〉

2) 리더십의 정의

리더십은 사람들이 집단의 목표를 달성하기 위해 자발적이고 열성적으로 노력하도록 그들에게 영향을 행사하는 과정이나 기술을 말한다. 이상적으로 사람들이 자발적으로 일하는 것뿐만 아니라 열정과 신뢰를 가지고 일하도록 하는 자발성을 기르도록 하는 것이다.

3) 리더십의 요소

(1) **리더(Leader)** : 다른 구성원들에게 영향을 주거나, 영향을 주려고 노력하는 집단 구성원.

(2) **부하(Follower)** : 영향을 받고 있는 영향의 대상이 되고 있는 구성원.

(3) **상황적 요소(Situation Factor)** : 리더와 부하 간의 영향 과정을 둘러싼 환경적 요소.

4) 리더십의 기능

(1) 조직구성원을 조직목표에 일치시킨다.
(2) 환경변화에 대한 적응성, 신축성을 확보한다.
(3) 조직의 목표를 설정하여 조직원들의 역할을 명확히 규정한다.
(4) 조직목표 달성에 필요한 인적, 물적 자원을 동원하는 역할을 한다.
(5) 조직 전체 활동을 총체적으로 조정하고 통합하는 역할을 한다.
(6) 조직구성원들에게 동기부여 역할을 한다.

5) 현대 리더십의 특징

(1) 활동과 변화를 좋아하는 '활력(Energy)'을 가지고 있을 것.

(2) 만약 산을 옮겨야 한다면 사람들이 그렇게 할 수 있다는 신념을 갖게 할 만큼 '동기를 부여(Energize)'할 수 있을 것.

(3) 예와 아니오의 결정을 내릴 수 있는 '날카로운 결단력(Edge)'이 있을 것.

(4) 일을 '실행(Execute)'할 수 있는 능력이 있을 것.

2 마을 리더십 개념

① 마을 리더십의 목적은 곧 혼자서 해낼 수 없는 일을 함께 이루도록 하는 것임.

② 마을의 발전을 위해서 시의적절한 지혜로운 리더십을 발휘.

③ 시대 흐름을 꿰뚫고 구성원을 아우르면서 공동의 과제를 잘 추진해야 함.

④ 꿈과 이상을 품고 미래로 달려가기 위해서는 공동의 목표를 가지고 열심히 일을 해야 함.
⑤ 리더십 전략으로 가장 소중한 것은 비전 공유이다. 비전을 통해 목적과 의미를 찾음.
⑥ 관리와 리더십은 그 속성이 다르다. 어떤 의미의 변화 전 성공적인 변화를 이끄는 주요한 힘은 리더십이지 관리가 아니다. 관리자는 답을 정하지만, 지도자는 사람들에게 질문을 한다.

3 마을지도자의 자질과 리더십 향상

1) 마을지도자의 자질

첫째, 시대의 흐름과 변화를 읽을 줄 알고, 이에 대처하여 주민들을 이끌 수 있는 비전과 목표, 전략 구비
① 급변하는 국내외 정세와 농업 및 농촌을 둘러싼 상황 직시.
② 주민들의 의식 수준 등을 고려하여 마을에 적합한 비전과 목표, 실천전략 설정.

③ 마을의 목표는 단기목표와 장기목표로 세분하여 결정.

둘째, 주민들로부터 신뢰를 받으며 주민들을 신뢰하는 상호 신뢰 네트워크 구성.
① 마을지도자가 리더로서의 역할을 훌륭하게 수행하는데 가장 중요한 자산은 주민들의 신뢰.
② 주민들이 지도자를 신뢰할 때 마을 일에 관심을 갖고 적극적으로 협력.
③ 마을지도자가 주민들을 신뢰하는 것 역시 중요한데 이는 지도자가 주민들을 신뢰하지 않으면 스스로 독단이나 전횡에 빠질 수 있다.

셋째, 정직과 성실로 다른 주민들의 모범이 되고 매사에 솔선수범
① 정직과 성실은 마을지도자가 갖추어야 할 기본적이면서 가장 중요한 덕목이다.
② 마을 일을 추진함에 있어서 힘들고 어려운 일일수록 남에게 맡기기보다는 앞장서서 해결해야 한다.

넷째, 스스로 전문가가 되기 위해서 자기 개발에 충실
① 마을사업을 성공적으로 추진하기 위해서는 마을지도자가 기본적으로 사업과 관련된 해박한 지식과 능력을 구비해야 한다.
② 다른 마을주민이나 외부 인력의 도움을 받는 방법도 있지만, 이들에게 전적으로 의지해서는 안 된다.
③ 지도자가 스스로 각종 교육에 적극적으로 참가하고, 학습과 연구를 통해 현장 전문가로서의 자질과 역량을 향상시키는데 노력하여야 한다.

다섯째, 마을지도자로서 자신감과 창의력 겸비
① 사업의 성공적 추진을 통한 마을 발전에 대한 자신감.
② 남들보다 한발 앞서서 창의적이고 독창적인 아이디어를 제시하기 위한 노력이 필요하다.

여섯째, 자신의 생각이나 의견이 다른 주민들을 아우르는 포용력
① 마을사업을 주도적으로 추진하는 과정에서 모든 주민들이 지도자의 생각과 의견을 동조한다는 것은 현실적으

　　로 불가능할 수 있다.
② 마을지도자의 의견에 사사건건 반대하는 주민들이 존재할 수 있다.
③ 이러한 상황에서 마을지도자가 이들을 사업에서 배제하거나 고립시키려하기보다 이들을 적극 포용하고 설득하여 함께 추진해 나가려는 자세가 필요하다.

일곱째, 자신의 생각을 다른 사람에게 정확히 전달하고 상대방의 생각을 이해할 수 있는 효과적인 커뮤니케이션 능력
① 마을지도자가 리더로서의 역할을 원활하게 수행하기 위해서는 자신의 생각이 주민들이 정확히 인식할 수 있도록 전달하고,
② 반대로 주민들로부터 전해들은 생각을 올바르게 이해할 수 있어야 한다.

여덟째, 상황변화에 효과적으로 대처할 수 있는 융통성과 유연성 겸비.
① 마을사업의 추진과정이 항상 계획하거나 의도됐던 방향으로 진행되는 것은 아니기 때문에,

② 마을지도자는 급격한 상황변화나 돌발적으로 발행하는 문제에 효과적으로 대처할 수 있는 융통성과 유연성을 갖추어야 한다.

2) 성공한 마을 리더십 조건

(1) 소비자의 입장에서
(2) 작은 것도 소중하게 생각
(3) 각자의 맡은 일에 책임을 다하는 마음으로
(4) 기분이 상하지 않는 말과 글
(5) 모범을 통해 더 좋은 것을 창출
(6) 정기적으로 소식을 전함
(7) 홈페이지는 만드는 것보다 관리가 중요
(8) 나누어 주는 심정으로

●농촌체험관광해설사●

4 다른 의견(갈등)에 대해

1) 갈등이란?

갈등(葛藤)이란 칡덩굴과 등나무 덩굴이 얽혀 있는 상태, 즉 사람이나 사물의 이해관계가 복잡하게 얽히고설켜서 풀거나 해결하기 어려운 상태를 말한다. 리더의 능력이 아무리 뛰어나다 하여도 어떤 공동체든 갈등은 상존한다. 사람과 상황이 서로 맞아야 하고 인간의 생각은 저마다 다르고 또 인간 자체가 불완전한 속성을 지녔기 때문이다.

2) 갈등의 특성

(1) 어느 곳에서나 보편적으로 존재하며 서로 다른 생각에 대한 불만들을 완전히 해소하는 것이 불가능하다.
(2) 둘 이상의 주민 및 마을이 서로 다른 생각을 할 때 발생된다.
(3) 서로 다른 생각들은 어떻게 해결하느냐에 따라 긍정적인 측면과 부정적인 측면 모두 가지고 있다.

3) 농촌마을사업에서의 갈등 유형

(1) 마을 리더와 주민 사이의 갈등
① 리더는 적극적, 주민은 소극적 경우 보편적 발생
② 오해나 편견 등이 원인
③ 지도자 일방의 이익 추구, 도덕성의 문제

(2) 마을 리더 간의 갈등
① 인식 차이나 과도한 명예욕이 원인
② 이전 세력 간의 대립
③ 지역 전체로 확대되어 나갈 위험 내포

(3) 마을 주민들 간의 갈등
① 역할 분담 불명확
② 이기심, 주민 상호 간의 묵은 감정
③ 마을 개발의 참여, 비참여 집단 간의 의사소통의 문제 등

(4) 주민과 지자체 공무원과의 갈등
① 상호 오해, 불신의 문제
② 역할 인식 미흡 시

● 농촌체험관광해설사 ●

4) 사업 추진 시 발생되는 갈등

(1) 예비계획 단계
* 사업선정을 위한 주체들 간의 역할 분담 미흡

(2) 기본계획 단계
* 사업내용 및 방법, 시설별 위치, 사업비 투자계획
* 추진위원회 구성 등 주민 상호 간의 의견 충돌

(3) 실시단계 및 시공단계
* 사업 변경 및 자부담 확보에 대한 의견 발생

(4) 운영관리단계
* 등기소유 및 수익발생 시 분배에 따른 갈등

5) 갈등 극복 권역 사례 - 전북 ○○○ 권역

(1) 사업 시행 전
① 내 농사, 내가 건축하는 마을(생활, 사업)의 문제에만 관심
② 늘 있어 왔던 도로나 하천정비 등 시설개발로만 생각

(2) 사업 시행 후
① 정부지원사업에 주민이 계획하고 추진한다는 것을 5개 마을의 넘쳐나는 의욕
② 하지만 충분한 의견, 계속되는 의견 차이, 번복되는 결정 발생

(3) 계속되는 불신 및 오해
① 마을 우선 – "우리 마을에 건조장, 저온저장고 설치해야지!"
② 정보 공유 미흡 – "사업자금 준비하기도 전에 사업추진!"
③ 조직 운영 미숙 – "리더가 뭐하냐?", "주민이 참여를 안 한다."
④ 부정적 사고 - "사업이 끝나도 뭐 별반 다를 게 없을 것이다."

(4) 리더의 노력
① 외부전문가를 활용한 중재
② 다양한 주민 교육을 통한 농촌마을종합개발사업의 이

해 노력
③ 사업 시행자 주민들에 의견이 반영되도록 노력
④ 적극적인 추진위원회 운영 및 주민자치규약 및 시행규칙 마련

(5) 힘들지만 바뀌더라!
① 사업 이해를 위한 노력
* 소득만 올라자고 하는 사업이 아니다.
* 기초생활, 문화복지, 농촌관광, 경관시설, 운동휴양, 환경시설, S/W사업 등 주민의 삶의 질 향상을 위한 사업이다.
* 사업에 대한 이해가 주민들에게 여유와 웃음을 만들어 낸다.
② 학습(연습)이 필요
* 주민들의 생각을 표현하고 협의하고 조정하는 연습.
* 행정 전문가 및 교육을 통한 연습 과정 습득.
* 연습을 반복하는 과정에서 주민의 참여와 역할이 나타남.

③ 추진위원회 선출 및 시설물 관리방안 모색

* 마을별 개발위원회 8~9명 선출(당연직 5명, 선출직 3명) 후 주민자치 규약 및 세부 시행 규칙 마련.
* 마을 회의를 통해 소득시설에 대한 기대관리와 선정 및 관리계획도 함께 논의 후 선출된 관리자는 운영위원회에서 최종 승인.
* 주민들 사이의 불만 해소 및 관리 운영에 대한 책임감 부여.

5 문제의 해결

1) 서로에 대한 이해와 배려심 필요

문제가 발생했다는 것은 사업에 대한 관심이 많다는 것을 의미하고 주체들 간 상호 의존성을 높여 공동체를 형성할 수 있음.

● 농촌체험관광해설사 ●

2) 농촌마을 종합개발에 대한 올바른 이해

불필요한 오해와 분실을 미연에 방지하기 위해 주민 교육 강화.

3) 바람직한 리더십 발휘

개인의 이익보다 권역에 이익을 생각하고, 다른 생각을 가진 주민들까지도 포용할 수 있는 리더.

4) 회의 및 토론문화 정착

마을사업의 추진과정에서 중대한 사항은 공개적인 주민회의를 통해 결정.

회의에서 결정된 사항은 마음에 들지 않아도 승복하고 따라야 한다.

5) 공정한 규칙마련

사업에 참여하는 주민들에게 '마을자치규약'을 제정하고, 누구에게나 평등하게 적용하여 엄격히 지킬 수 있도록 유도.

6) 중재자 필요

마을개발협의회 및 외부전문가를 두어 오해나 불신 등 서로에 대한 이해가 부족할 때 중재 역할.

6 성공적 추진을 위한 주민 화합

1) 개발사업 주제별 역할분담 필요

(1) 지역주민

① 개발주체로서 능동적 참여
② 자발적인 문제해결 노력
③ 개인 및 지역이기주의 극복

(2) 행정기관

① 주민입장에서 이해 노력
② 전문가 참여 및 외부사업 연계
③ 문제에 대한 유연한 접근
④ 전문지식 습득 및 사업 홍보

(3) 전문가

① 실천적, 효율적 계획으로 자문
② 주민역량 강화에 동기부여
③ 이해 당사자 간 이견 조정
④ 사업 이후 지속적인 관심과 참여

2) 주민의 적극적 참여가 필요

(1) 주민참여는 주민 개개인이 가진 지식이나 정보, 자산, 노동력을 활용하여 마을을 가꾸고 운영에 참여.
(2) 사업준비단계, 계획단계, 시행단계, 관리운영 단계까지 다양하게 참여할 수 있다.

3) 주민참여가 중요

(1) 선진 성공사례를 보면 훌륭한 지도자와 주민들이 힘을 모아 사업추진.
(2) 주민들의 참여가 활성화될 때 계획의 합리성과 사업의 타당성 제고.
(3) 주민참여 과정에서 자연스럽게 주민역량 강화 및 사업

　　의 이해도 향상.

(4) 무엇보다 사업의 지속적인 추진동력 확보 가능.

4) 우리는 바꿀 수 있다.

(1) 갈등　--------▶ 화합

(2) 오해　--------▶ 이해

(3) 반복　--------▶ 협동

(4) 불신　--------▶ 신뢰

(5) 이기심 --------▶ 배려

(6) 욕심　--------▶ 양보

(7) 이견　--------▶ 협의

MEMO

제11장
산촌마을유학센터 추진

• 농촌체험관광해설사 •

1 산촌유학

1) 산촌유학이란?

산촌유학은 초등학교에서 중등생에 이르기까지 성장기에 있는 어린 아이들이 산촌의 농가 혹은 산촌유학 지원센터에 일정기간 머물면서 그 지역의 학교를 다니며 생활하는 교육 형태이다.

산촌유학제도는 1976년 일본 도쿄의 한 초등학교 교사가 여름 방학 때 고향인 나가노현 야사카무라에서 실시한 교육 캠프에서 출발한 제도이다. 산간지역 등지에서 분교 유지와 지역활성화를 목적으로 도입된 산촌유학은 자연체험을 중심으로 한 독특한 커리큘럼으로 참가학생들의 호평을 얻었다.

방과후에는 지역의 아이들과 어울려 산촌의 여러 가지 경험을 하기도 하면서 자연의 여유로움을 직접 체험하는 것이다.

2) 산촌유학의 목표와 제도적 근거

농촌, 어촌, 산촌의 자연환경과 문화를 밑거름으로 "다음

세대를 짊어질 생태적인 사람을 키우자"는 취지 아래 교육인적자원부에서는 '도농 교육학습' 또는 '교환학습'이라는 명칭으로 학기 중이라도 전학 절차 없이 다른 지역에서 두 달을 머물 수 있는 제도를 두고 있다.

산촌유학의 유형별 특성

1) 부모참여형(귀촌정착형)

부모가 직접 아이 교육을 위해 시골로 이주하여 같이 생활하는 형태의 모델.

2) 농가형

'시골부모'라 불리는 농산어촌지역의 민가에서 '팜스테이'를 하며, 해당지역의 학교로 통학을 하는 형태의 모델.

3) 농가결합형

같은 지역의 농가들 여럿이 함께 연합하여 농산어촌유학을 진행하는 형태의 모델.

4) 센터형

다수의 농산어촌유학생들이 독립적인 체험교육공간에서 '농산어촌유학교사(활동가)'의 지도를 받으며 숙식과 생활을 하는 형태의 모델.

5) 복합형(마을공동체험)

농산어촌유학생들이 센터와 농가에서 번갈아 가며 생활을 하는 형태의 모델로써 '센터형 모델'과 '농가결합형 모델'의 결합형 모델.

3 프로그램 및 서비스

1) 생활교육

(1) 식생활 교육

(2) 생활 지도

(3) 관계 지도

2) 학습 지도

(1) 교과 지도

(2) 글쓰기 교육

(3) 창의력 지도

3) 다양한 체험

(1) 농촌 및 자연체험

(2) 전통 문화체험

(3) 음식 만들기체험 등

●농촌체험관광해설사●

4 산촌유학 필요요소

1) 지속가능성 요소

(1) 사회문화적 요소
　　① 사회 수용성 - 지원
　　② 부모 수용성 - 이해

(2) 경제적 요소
　　① 수익성
　　② 경제적 안정성

(3) 지역적 요소
　　① 자연환경적 요소
　　② 안정성
　　③ 건전성
　　④ 지역 관계성

2) 서비스 구성 요소

(1) 하드웨어
① 건물(생활, 학습 공간)
② 학교
③ 안전시설

(2) 소프트웨어
① 교육 - 운영 프로그램
② 이해 - 홍보 프로그램

(3) 휴먼웨어
① 구성원(활동가, 교사, 지역주민, 지자체 등)의 이해와 역량
② 활동가 양성 - 역량 강화

(4) 시스템웨어
① 법, 제도
② 지원 체계

●농촌체험관광해설사

5 사회적 가치

1) win-win 전략

(1) 도시문제와 농어촌 문제의 동시 해결
(2) 자원과 문화, 교육 문제의 동시 해결

2) 다음 세대의 성장

(1) 아이들의 몸이 건강해지고, 생태감수성을 길러줌.
(2) 아이들에게 공동체 문화와 사회성을 길러줌.
(3) 아이들에게 자립심과 협동성을 키워줌.
(4) 지역에 대한 이해와 사람을 키워줌(농부의 꿈, 마을의 고향 등).
(5) 지역의 문화가 이어진다.

3) 지역의 활성화

(1) 지역 아이들에게 새로운 친구를 만들어 준다.
(2) 지역 학교를 살린다.

(3) 지역 사회를 활성화시킨다.
(4) 도농교류가 활발해진다.

4) 지역 활동의 기초 제공

(1) 비농업 지역 일자리 제공을 통한 인적자원의 흡수
(2) 지역 일자리 제공
(3) 지역 서비스 연계

 **사례) 농촌유학원**

무주 농촌유학원 꿈찾기 자연학교

1. 목적

농산촌유학은 도시아이들이 부모 곁을 떠나 시골에서 머물면서 그 지역 학교를 다니며, 6개월 이상 지역주민과 함께 농촌에서의 일상을 공유하는 프로그램이다.

2. 농산촌유학의 장점과 방향

1) 지역을 살리고 도농교류 활성화

산촌유학은 도시 아이들을 위한 생태교육의 의미뿐 아니라 지역

살리기, 지역 학교 살리기의 일환으로도 주목되며 도시 아이들의 부모가 해당 지역을 왕래함으로써 자연스러운 도농교류가 생긴다.

2) 청소년 녹색생활과 감수성 증진 농산촌 학교에 활력 제공

  소규모시골학교는 학생 수가 늘면 폐교 위기에서 벗어날 수 있으며, 현행 교육법상 한 학년이 8명 이상이면 교사 1인이 배치, 학생 통합 수업을 하고 있는 면 단위 지역학교에서는 학교 활성화 방안 활용.

3) 대안 교육 수요를 공교육으로 흡수
  가. 농어촌 작은 학교 활성화
    ① 경기 남한산초등학교 - 어린이를 자연과 같이 동화하게 하자.
    ② 전북 덕치초등학교 - 마을 텃밭을 가꾸며 농촌문화학교를 이해하자.
    ③ 아산 거산초등학교 - 바른 세상 속에서 하나의 작은 여유를 갖자.
  나. 생태적 삶을 실천하며 자연의 소중함과 사는 법을 배우고, 머리와 몸을 써서 스스로 서는 교육을 통하여 창의적 사고와 능동적인 자세를 함양.

3. 꿈찾기 자연학교 소개

1) 학교 소개

꿈찾기 자연학교는 반디랜드와 태권도 공원 사이, 산 좋고 물 맑고 공기 좋은 전라북도 무주군 설천면 청량리 진평마을에 자리잡고 있으며, 전북 농촌유학 협의회, 특히 완주 고산 산촌유학센타와 긴밀한 업무협약을 맺고, 협조·운영해 나가고 있는 농촌유학 센터이다. (http://cafe.daum.net/dreammentor)

2) 교육 철학

가. 있는 그대로 나를 사랑하는 사람
나. 자신만의 꿈을 찾고 그 꿈을 펼쳐 주인공으로 사는 사회
다. 하늘, 땅, 지구촌 사람들의 조화로운 사람
라. 전체의식으로 창조적인 삶을 사는 사람

3) 자연학교 현황

* 학생 수 및 교사

총 5명	출신지역		초등	중등	고등	교사			
남	서울	무주	2			이○○	대표	임○○	센터장
여	2	3	1	1	1	이○○	이사장·체험관장	이○○	강사

● 농촌체험관광해설사

* 시설현황

구 분	시 설
센터 1층	공동 생활공간, 자기주도 학습방, 주방, 화장실
센터 2층	사무실, 상담실, 교사 숙소공간, 주방, 화장실
농촌생활체험관	강당, 야외공연장, 사무실, 주방, 식당 겸 교실, 화장실, 샤워실

4) 학교 재정운영

가. 발전기금

　신입생은 매해 150만 원 발전기금을 학교에 기부하게 되며, 발전기금은 교육투자와 센터시설 투자에 쓰이게 됨.

나. 학자금

　매월 생활비 57만 원과 교육비 30만 원을 학자금으로 납입 받으며, 만약의 경우를 대비하여 예치금 100만 원을 받고, 이 금액은 퇴소 시 되돌려주게 됨.

다. 후원금

　고령화, 농촌 공동화로 비워진 농촌에 아이들의 웃음소리와 귀촌 인구 증가로 활기차고 행복한 농촌을 만들며, 아이들에게 좀 더 나은 교육환경을 제공하기 위하여, 농촌 문화 후원의 밤, 환경 생태 걷기 운동, 농촌유학 학부모 연합모임 등의 후원 행사를 지속적으로 펼칠 예정임.

5) 활동사항

가. 가톨릭대학교 지구촌 꿈나무 서포티즈 교사양성교육
  감성코칭과 학습코칭, 매뉴얼 개발과 슈퍼바이저 교육
  서포티즈 교사 20명과 부천지역 저소득층 초등학생 100여 명
  3월 22일~6월 14일

나. 꿈찾기 자연학교 여름 캠프(무주 농촌생활문화체험관)
  과목별 행복학습법 8월 2~7일
  꿈찾기 적성캠프 8월 9~13일
  퍼포먼스 공연리더십 8월 16~20일

다. 무주청소년수련관 여름특강(과목별 행복학습법)
  12회 과정 7월 27일~8월 19일
  초·중학생 16명

라. 무주청소년수련관 빙과 후 아카데미 여름캠프
  8월 10~12일
  행복소통 대화학교, 경복궁과 미술관 견학.

6) 향후 추진계획

현재 도시에서 유학 내려온 유학생 2명으로 시작하여 향후 교사활동과 숙소동 확장 등을 추진하여 4명 내외의 학생을 추가 유치할 계획이며, 또한 지역과의 연계사업을 통해 동시와 농촌을 연계하는 다양한 체험활동과 문화교류, 일자리 창출사업을 추진할 계획임.

7) 사업계획

가. 무주지역 농촌유학 협의회 구성.

나. 계절농장을 통한 도농교류 사업.

다. 일자리 창출 사업을 통하여 교사와 지역민에게 일자리 제공.

라. 숙소동 확장공사.

마. 지수화풍 감각놀이 체험장 시설공사.

바. 한국 농산촌공사에서 지원하는 농산촌유학지원 사업과 농산촌 공동체회사 설립 지원 사업을 통하여 향후 지속 가능한 사회적기업으로 발전해 나갈 계획.

제12장
농촌체험학습 운영 활성화 사례

1 농촌체험학습 이해

1) 체험학습 대상

(1) 도시민, 농어민, 10대, 20~30대, 40~50대, 60대 이상
(2) 미혼여성(남성), 기혼여성(남성)
(3) 장애인, 비장애인, 기타 등등

2) 어느 정도의 기대효과가 정해짐

(1) 감성적, 심미적 만족
(2) 지식습득(벤치마킹)
(3) 현장 확인을 통한 이해와 소통
(4) 목적을 위한 동기부여

3) 주제, 장소, 대상에 따른 다양성

(1) 숲속 작은 음악회
(2) 서울쥐 시골쥐 도농교류 문화축제
(3) 남산 한옥마을, 청계천 투어

(4) 조금 불편한 시골여행

4) 기획에 따른 새로운 수요 창출 가능

(1) 힐리언스 선마을(https://www.healience.co.kr/)

(2) 꿈찾기 자연학교(무주 농촌유치원)

(3) 향토음식체험, 스토리텔링

5) 똑같은 체험은 세상에 없다

(1) 대상은?

(2) 기대효과(평가준비)는?

(3) 장소는?

(4) 프로그램 내용은?

(5) 지역(네트워크) 연계성?

(6) 제한 및 한계상황 시뮬레이션!

● 농촌체험관광해설사

2. 농촌체험학습의 최신 트렌드

관광(1990년) → 체험관광(2000년) → 체험학습(2010년) → 영성체험(향후)

▶ 사례, 영성체험 ◀

전라북도 "무주 꿈찾기 자연학교"

① 대상 : 청소년, 청·장년

② 위치 : 전라북도 무주군 설천면 소재

③ 기관명 : 무주 농촌유학원(원장 이○○)

④ 프로그램 : 행복찾기, 주인공살기, 더불어살기, 창조살기, 비전살기, 현실창조.

3. 농촌체험학습 기획 및 프로그램

첫째, 농촌체험프로그램이 다양하지 못하고 중복되는 경우가 대부분이므로 마을별 테마를 선정하여 테마에 따른 독특한 프로그램 개발이 필요하다.

둘째, 현재 생태체험 프로그램을 선호하고 있으므로, 마을의 생태자원을 활용한 생태체험프로그램 도입은 필수이다.

셋째, 마을 테마거리를 중심으로 한 기본 프로그램과 마을자원을 활용한 이색적인 보조 프로그램을 다양하게 구비하여야 한다.

넷째, 프로그램은 연중 프로그램, 계절별 프로그램, 월별 프로그램, 주별 프로그램 단위로 세분하여 운영할 수 있도록 개발하여야 한다.

다섯째, 프로그램은 요즘 도시민들이 관심을 많이 갖는 웰빙 관련 프로그램을 적용하는 것이 바람직하다. 예를 들어 생태/약초(재)/건강/자연치유/생태공예 등.

여섯째, 특히 결과물을 가져갈 수 있는 프로그램의 효과는 대단하므로 무엇인가 자신이 만들어서 가져갈 수 있는 프로

● 농촌체험관광해설사 ●

그램이 인기이다.

일곱째, 포토존 찾아보기(손가락으로 보면 보인다).

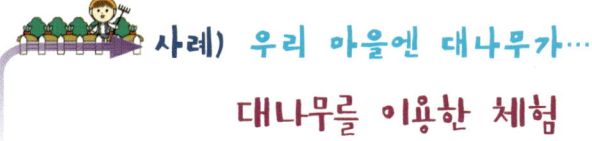

사례) 우리 마을엔 대나무가…

대나무를 이용한 체험

1. 농촌체험학습 기획 제반사항

가. 농어촌

① 농촌은 도심처럼 도시화되어 있는 것이 아니라 포근하고 넉넉함을 갖고 있는 농촌다움을 잃지 않아야 한다.

② 각박하지 않고 정이 넘치는 농촌에서 자녀들에게 농촌의 정을 느끼고 농촌을 배울 수 있는 체험학습의 공간으로 방문한다.

③ 도시민들은 외갓집 같은 농촌에서 편안하게 휴식과 체험을 하면서 보내고 싶어한다.

나. 기반시설

농촌지역의 잘 보전된 자연과 농업기반을 바탕으로 도농교류를 촉진하여 농촌 소득증대와 지역개발의 촉진을 위해 기본적인 기반시설을 설치할 수 있도록 지원하는 마을사업이다.

① 농림부의 녹색농촌체험마을 (1년/ 국고 1억, 지방비 1억 보조)

② 농진청의 농촌전통테마마을 (2년/ 국고 1억, 지방비 1억 보조)
③ 환경부의 자연생태우수마을, 생태복원마을 (지정, 시설 배려)
④ 국토해양부의 어촌체험관광마을 (5억/ 국비 50%, 지방 45%, 자비 5%)
⑤ 농림부의 농촌마을종합개발사업 (3년간 70억/ 국비 80%, 지방비 20%)
⑥ 산림청의 산촌종합개발사업 (2년/ 14억)
⑦ 행정안전부의 정보화마을 조성사업(기반조성 3억/ 지속적인 정보화지원)
⑧ 기타 지자체별 기반조성 사업 등

다. 체험현장

　도시민들을 대상으로 체험 프로그램을 운영하기 위해서는 체험을 진행힐 공간이 필요요하서, 체험현징은 *실내형*과 *실외형*으로 나눈다.
① 실내 체험공간 : 체험관, 테마에 따른 체험 기반 시설, 마을 내 농가에서 소득 사업으로 운영하고 있는 실내공간.
② 실외 체험공간 : 산과 들. 하천 등지의 생태체험공간, 농가의 농사나 체험현장.

라. 체험대상
① 적절한 시설과 다양한 체험 프로그램, 준비된 마을지도자들 이외에도 체험마을을 찾아 줄 도시민들이 있어야 한다.

② 체험마을에 도시민들이 찾아갈 수 있는 마을 특유의 메리트가 있어야 체험 대상들이 마을로 유입된다.
③ 농촌마을의 체험프로그램의 상황에 따라 참가 대상이 가족 단위 위주로 될 수도 있고 청소년들을 중심으로 한 대상이 될 수도 있다.

마. 체험지도자
① 현재 조성되어 운영되는 수많은 체험마을들의 어려움은 우리 마을을 방문하는 도시민들을 안내하고 체험프로그램을 운영할 마을지도자가 부족하거나 없는 경우가 대부분이다.
② 지금까지 마을 사업 전개 시 하드웨어인 시설물 건축에만 초점을 맞춰 전개하여 마을의 지도자 양성 부분은 전무한 상태이다.
③ 체험마을의 운영과 활성화를 위하여 가장 필요한 부분이 마을지도자가 즐거움과 추억, 학습이 될 수 있는 원활한 프로그램으로 이끌 수 있느냐에 따라 성패가 결정된다.

바. 교구재
① 체험관광은 도시민들이 방문하여 체험을 중심으로 한 활동이므로 체험 프로그램에 따른 준비물이 필요한데, 이들 준비물을 교구재라 한다.
② 교구재는 소모되는 소모품 형태와 지속적으로 사용되는 반

영구적 형태로 나누어지며, 체험 활동에 있어 꼭 필요한 것이다.

③ 교구재의 활용은 체험관광의 효과를 높이고 학습 효율성을 높이는 요소로 적절하게 활용한다.

2. 프로그램에 포함될 체험

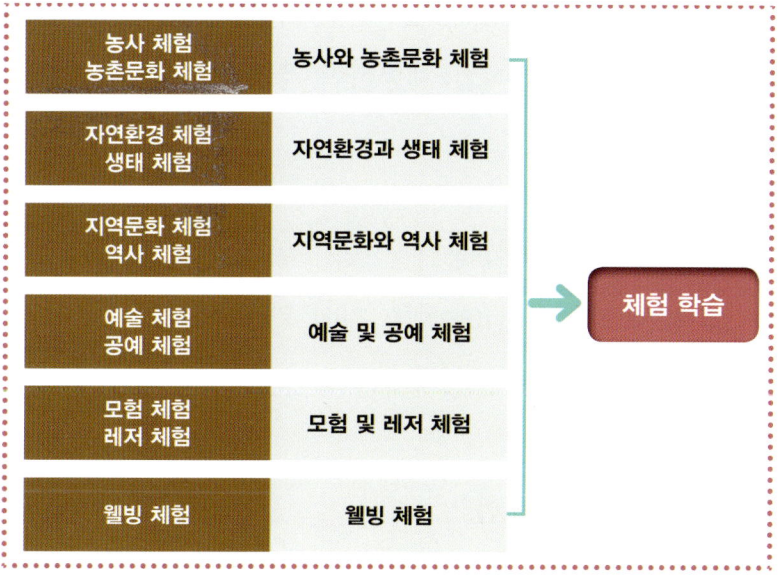

● 농촌체험관광해설사 ●

4 농촌체험학습 프로그램 형태

1) 농사체험

(1) **체험 동기**: 농사의 소중함 배움터

(2) **체험 내용**: 자신이 체험하여 보지 못한 농산물을 생산하는 과정을 직접 체험하여 우리 농산물의 소중함을 배워 보는 체험

(3) **프로그램**:

① 농사 준비 체험(농사를 짓기 위한 기반 체험)

② 농사 재배 체험(농작물 재배 과정 체험)

③ 농작물 수확 체험(재배된 농산물 수확 체험)

2) 농촌생활문화체험

(1) **체험 동기**: 외갓집 같은 정 느끼기

(2) **체험 내용**: 시골의 정서와 농가의 전통 문화, 농촌의 생활방식을 배워 보는 체험

(3) **프로그램**:

① 농기구 체험(생활도구를 만들어 보는 체험)

② 전통음식 체험(메주, 올갱이국수 등 음식 체험)
③ 시골집 체험(농가에서 숙박, 아궁이 불 피우기)

3) 자연환경체험

(1) **체험 동기** : 시골다움 느껴보기
(2) **체험 내용** : 시골의 아름다움과 경관, 농촌의 모습을 찾아 시골다움을 체험
(3) **프로그램** :
  ① 농촌 지형 체험(농촌 산길, 다랭이논, 천연동굴 탐사)
  ② 농촌 놀이 체험(논에서 축구, 자치기, 쥐불놀이 등)
  ③ 농촌 먹거리 체험(둠벙서 미꾸라지 잡기, 열매 따먹기)

4) 생태환경체험

(1) **체험 동기** : 생태계의 중요성 인식
(2) **체험 내용** : 농촌 주변의 보존되어진 자연과 생태계 관련 다양한 프로그램의 체험
(3) **프로그램** :
  ① 숲속 체험(나무와 풀꽃, 야생동물, 동식물 겨울나기 등)

② 하천 체험(민물고기, 수서 곤충, 겨울 철새 관찰 등)

③ 자연 놀이(풀피리 불기, 열매 짝찾기, 박쥐와 나방 등)

5) 지역문화체험

(1) **체험 동기** : 지역의 고유한 문화 느껴보기

(2) **체험 내용** : 마을이나 지역에 오래 전부터 전해져 오는 유형, 무형 민속문화를 배워 보는 체험

(3) **프로그램** :

① 전통 문화 체험(정선아리랑, 꼭두각시놀이, 인형극)

② 지역의 종교문화 체험(탑돌이, 무속신앙, 산사체험)

③ 만들기 체험(하회탈, 전통 한지, 민속 공예품 만들기)

6) 역사체험

(1) **체험 동기** : 우리나라 역사 알아보기

(2) **체험 내용** : 오래된 우리나라의 역사적인 현장이나 유물, 기념물을 통해 우리 조상의 혼을 체험

(3) 프로그램 :

① 역사의 현장 체험(의병체험, 석전놀이, 수문 교대식 체험)

② 역사 기념물 제작 체험(호패 만들기, 고인돌 만들기, 탁본)

③ 복합 체험(석기시대 생활 체험 - 집짓기, 먹거리, 숙박)

7) 예술체험

(1) 체험 동기 : 마을과 지역의 전문 예술가와의 교류

(2) 체험 내용 : 마을이나 지역에서 거주하거나 활동하는 예술인을 통해 다양한 예술 세계를 배워 보고 느껴 보는 체험

(3) 프로그램 :

① 예술인의 작품 체험(작품 관람, 공연 체험 등)

② 만들기 체험(작품 따라 하기, 도예 만들기 등)

8) 공예체험

(1) 체험 동기 : 촉감 감수성 기르기

(2) 체험 내용 : 주변의 나뭇가지나 솔방울. 열매 등 자연물을 소재로 곤충이나 동물, 자신의 상징물을 만들어 보는 체험

(3) 프로그램 :

① 나뭇가지 체험(곤충, 동물, 장식물, 상징물 만들기)

② 풀이나 나뭇잎 체험(손수건 염색, 단풍잎 동물)

③ 솔방울, 열매 체험(동물, 인형, 인테리어 소품)

9) 모험체험

(1) 체험 동기 : 스릴을 즐겨보는 만족감

(2) 체험 내용 : 산악 지형이나 특정적인 공간에서 인간의 한계를 몸으로 느껴보는 체험

(3) 프로그램 :

① 산악 체험(타잔 놀이, 비바크하기, 모험시설 체험)

② 조난 체험(오리엔티어링, 인디언 집짓기, 도구 사용)

③ 수상 체험(뗏목 만들기, 물고기 잡기 등)

10) 레저체험

(1) **체험 동기**: 다양한 레포츠 경험하기

(2) **체험 내용**: 자연 속에서 독특하고 다양한 레저 프로그램을 직접 몸으로 하는 체험

(3) **프로그램**:

① 산악 체험(서바이벌 게임, 산악자전거, 산악놀이 등)

② 들판 체험(승마, 오프로드(ATV), 잔디스키 등)

③ 강 체험(래프팅, 카약, 스킨 스쿠버 등)

11) 웰빙체험

(1) **체험 동기**: 자신과 가족 건강지키기

(2) **체험 내용**: 건강에 관심과 수요가 많아지면서 자연 속에서 혹은 특정한 자원을 활용하여 건강을 지키려는 체험

(3) **프로그램**:

① 약초 체험 프로그램(약초탕, 건강꽃차 만들기 등)

② 자연치유 프로그램(노르딕 워킹, 면역력 기르기 등)

③ 정신 테라피 프로그램(산속 명상, 허브 테라피 등)

5 체험조직의 중요성

1) 역할분담

- **사무장** : 체험 진행계획 수립, 체험농가 지정 등, 역할 분담, 체험비 수납 및 소요 경비 집행
- **부녀회** : 식단 작성, 식자재 구매, 식사 담당 지정 등
- **농가** : 체험 진행 준비, 농사 일정 조정 등
- **총무** : 재무 및 회계 관리, 경비 집행 승인
  - 홈페이지를 통하여 예약 상세 내용 등 체험 관련정보를 공유하고, 각자의 임무를 확인

2) 준비과정

① **예약** : 예약 수단 - 홈페이지, 전화, 이메일
② **정보 공유** : 예약 상세내용을 마을 홈페이지에 게시
  홈페이지를 통해 접수, 입수 및 임무 확인
③ **농가별 준비** : 마을 : 체험 진행계획 수립, 역할 분담
  농가 : 농사일정 조정, 체험 진행 준비
  부녀회 : 식단 작성, 식자재 구매 등

3) 체험진행

(1) 도착, 영접(이장, 총무) →

(2) 접수, 프미핑(사무장) →

(3) 오전 체험(담당 농가) →

(4) 식사(부녀회장) →

(5) 오후 체험(담당 농가) →

(6) 정리, 결재(사무장) →

(7) 환송, 출발(이장, 총무)

4) 체험 사업 경영 및 수익 구조

(1) 체험 사업 경영 형태

　① 모든 체험 활동은 농가 단위별로 진행

　② 단체 체험객의 식사는 공동식단에서 담당

　③ 농산물 체험상품의 택배 판매는 단체계약

(2) 체험 수익 배분 방식

　① 체험 및 민박 수입은 해당 농가에 귀속

　② 식당 수입은 마을에 귀속(공동 경영)

③ 농가는 자체사업 및 식당사업 참여로 소득

(3) 수익 구조

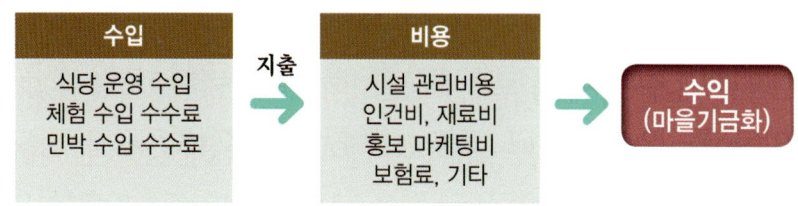

6 안전문제

1) 사고 원인

(1) 스트레스 - 집중력 저하
(2) 나이 - 어린이·노약자, 근육 조정 및 조절능력 저하
(3) 질병 - 지각능력의 저하
(4) 약물 - 지각능력 및 운동능력 혼돈

2) 예방

(1) 안전사고예방 및 대처교육 이수
(2) 자체적인 안전사고 매뉴얼 작성 및 연습
(3) 지속적인 안전사고 예방 활동(가급적 사고유형별로 구분하여 체크리스트 작성)
(4) 모든 예방 활동은 반드시 기록(사진 포함) - 교육 시 서명부, 계획된 예방활동 추진
(5) 안전요원 배치(복장 갖추고, 눈에 보이는 곳 위치)
(6) 사고유형별 연락체계 확립(여러 곳에 비치)

(7) 안내판 설치, 상세한 안내서 배포

(8) 체험 진행 전 오리엔테이션 실시(체험안전 교육 + 환경 보호 + 주민정주권)

3) 성폭력·성희롱 예방

(1) 남녀 학생 체험의 경우 세심히 보살핌

(2) 간혹 주민에 의한 성희롱 - 주민교육을 통해 반드시 실시

(3) 신체적, 시각적, 언어적 성희롱

(4) 탈의실 혹은 취침실 등은 명확히 구분 - 시설 투자 시 반드시 고려

4) 여행자보험 가입

(1) 보험사 :

(2) 가입기간 : 1년

(3) 대인·대물 : 1억 원/ 1천만 원

(4) 구내치료 : 1인 1백만 원

(5) 생산물책임자보험 : 1억 원

(6) 대상 : 체험자, 주민

농촌체험관광해설사

┃인쇄일 • 2019년 10월 25일
┃발행일 • 2019년 10월 30일
┃지은이 • 정진해 편저
┃펴낸 곳 • **도서출판 한수**　　┃펴낸 이 • 김미아　　┃주소 • 서울특별시 성동구 왕십리로 311-1
┃출판등록 • 제303-2003-000031호　┃전　화 • 2281·8031　┃팩스 • 02·2281·4120
┃홈페이지 • www.hansoo.or.kr
┃가격 • 13,000원

- 이 책의 내용을 무단으로 인용하거나 발췌를 금지하며, 내용의 전부 또는 일부를 이용하려면 **도서출판 한수**의 서면 동의를 받아야 합니다.

※ 파본 및 낙장본은 교환하여 드립니다.